KATZEN-
senioren

Gesund und glücklich alt werden

CADMOS

KATZEN-
senioren

Gesund und glücklich alt werden

von

Dr. med. vet. Michael Streicher

CADMOS

Gestaltung und Satz: Johanna Böhm, Dassendorf
Lektorat: Anneke Fröhlich
Titelfoto: Shutterstock.de/levaiadam

Fotos im Innenteil: Dr. Michael Streicher (S. 13, 20, 23, 28, 33, 34, 35, 36, 50, 54, 61, 66, 67, 68), Shutterstock.de/Alekuwka (S. 17), Anastasija Popova (S. 57), andreyfotograf (S. 38), aniad (S. 21), Anna Hoychuk (S. 62/63), Denis Tabler (S. 45), DenisNata (S. 18), forestpath (S. 64), foto ARts (S. 49), Henry Steven (S. 70/71), hosphotos (S. 44), ieuannn (S. 73), Juri (S. 24/25), kariannphotography (S. 8), Linn Currie (S. 10/11), Losevsky Pavel (S. 12), Melanie DeFazio (S. 14/15), Melinda Fawver (S. 26), Nailia Schwarz (S. 16, 58), Onishchenko Natalya (S. 29), PRILL Mediendesign und Fotografie (S. 41), scantaur (S. 19), South12th Photography (S. 6), tankist276 (S. 52), Trevor Allen (S. 32), Tyler Olson (S. 22), Vydrin (S. 17), wjarek (S. 30/31), Susanne Vorbrich (S. 74)

Druck: Westermann Druck, Zwickau

Deutsche Nationalbibliothek – CIP-Einheitsaufnahme
Die Deutsche Nationalbibliothek verzeichnet diese Publikation in der Deutschen Nationalbibliografie; detaillierte bibliografische Daten sind im Internet über http://dnb.ddb.de abrufbar.

Printed in Germany
ISBN 978-3-8404-4014-4

Inhalt

Vorwort

Meist ist es nicht zu übersehen, wenn die Katze älter wird. Etwas dagegen zu unternehmen ist zwecklos. Sosehr wir es uns auch wünschen: Der Alterungsprozess ist bei keinem Lebewesen aufzuhalten. Der Mensch neigt dazu, das Alter und somit auch Krankheiten und den Tod aus seinem Gedächtnis zu verdrängen. Auch bei seiner Katze ist der Alterungsprozess das, was morgen erst passiert. Allzu gern wird übersehen, dass das Alter, egal ob bei Mensch oder Katze, ein langer, möglicherweise von Krankheit und Leiden gekennzeichneter Lebensabschnitt ist und nicht erst die Zeit kurz vor dem Tod.

Dieser Ratgeber möchte Ihnen den Alterungsprozess Ihrer Katze näherbringen, ohne dabei mit banalen Tipps, Zahlen und Fakten Ihre Katze zu schematisieren. Jede Katze altert individuell und auf ihre ganz spezielle Art und Weise. Wenn wir den Prozess schon nicht aufhalten können, so können wir zumindest versuchen, ihn für die Katze und für uns selbst angenehm und interessant zu gestalten.

Es gibt eine ganze Reihe typischer Alterserkrankungen der Katze, die in diesem Ratgeber mit ihren Symptomen und Behandlungsmöglichkeiten dargestellt werden. Häufig sind Verhaltensauffälligkeiten nicht ausschließlich auf das Alter zurückzuführen, sondern Symptom einer Krankheit. Diese kann im Idealfall bei rechtzeitiger Entdeckung erfolgreich therapiert werden. Die Katzenmedizin hat in den vergangenen Jahrzehnten große Fortschritte gemacht, sodass Katzen heute ein deutlich längeres, glückliches Leben haben können.

Mögen Sie viel Spaß mit Ihrer älteren, alten oder sehr alten Katze haben. Bedenken Sie, dass das Alter keine Krankheit ist und wie das Baby-, Jugend- und Erwachsenenalter zum Leben gehört. Erleichtern Sie Ihrem Katzensenior wie einem alten Menschen den Alltag – er wird zum Beispiel schon den Hocker neben dem Kratzbaum zu schätzen wissen, um besser auf den Lieblingsplatz zu gelangen.

Zum Leben gehört der Tod, und die Fragen am Ende eines Katzenlebens sind immer die gleichen: Wird die Katze friedlich einschlafen oder müssen wir ihr helfen? Wann ist der richtige Zeitpunkt zur Erlösung? Ist es Verrat, wenn ich meine Katze zum Einschläfern zum Tierarzt bringe? Wird ihr das Einschläfern Schmerzen bereiten? Was mache ich danach mit meiner Katze? Auch diese Fragen beantwortet dieses Buch – und es nimmt Ihnen die Angst vor dem Moment des Abschieds, der hoffentlich noch in weiter Ferne liegt.

Genießen Sie die Zeit mit Ihrer Katze!

Dr. med. vet. Michael Streicher

Oberursel, im Herbst 2012

Alter ist keine Krankheit

Wir Menschen werden mit unseren Katzen zusammen alt. Gehen wir einmal von 15 Lebensjahren bei einer Katze aus – das ist ein Zeitraum, in dem auch während eines Menschenlebens viel passiert. Die Kinder sind groß geworden, lieb gewonnene Menschen sind verstorben, man ist umgezogen, hat seine Arbeit verloren oder ist die Karriereleiter hinaufgestiegen und vieles, vieles mehr. Gutes und weniger Schönes geschieht, und die Katze ist immer mit dabei.

Die Wahrscheinlichkeit, dass wir unsere Katze überleben, ist groß. Dennoch wird der Gedanke an das Alter, an Krankheiten und den Tod der Katze oft verdrängt. „Meine Katze wird 25 Jahre alt!“ Das hört man als Tierarzt oft und wünscht es sich natürlich auch für alle Katzen. Doch die Realität sieht anders aus. Natürlich gibt es Menschen, die 100 Jahre und älter werden. Doch viele sterben eben auch schon mit 50 oder mit 70. Eine zehnjährige Katze ist, auf den Menschen umgerechnet, etwa 60 Jahre alt. Das ist zwar nicht alt, aber dennoch ein Alter, in dem viele Erkrankungen ihren Anfang oder auch schon ihr Ende nehmen. Am Alter ist noch nie jemand gestorben, weder Mensch noch Katze. Es sind die Erkrankungen, die verstärkt im fortgeschrittenen Alter auftreten, die uns und der Katze das Leben schwer machen.

Die wichtige Aufgabe für den Katzenhalter besteht darin, die Verhaltensweisen seiner Katze zu kennen. Der Tierarzt hört bei Routineuntersuchungen älterer Katzen oft den Satz: „Unsere Katze wird langsam alt, sie bewegt

Beim Menschen kann man zumindest das ungefähre Alter gut erkennen, bei der Katze ist dies deutlich schwieriger.

sich nicht mehr so viel und frisst schlechter." Natürlich verlangsamt sich der Stoffwechsel und die Aktivitäten gehen zurück, aber in sehr vielen Fällen liegt dem auffälligen Verhalten der Katze eine Erkrankung zugrunde. Das ist meist nichts Lebensbedrohliches, aber auch eine Arthrose oder ein entzündeter Zahn können die Katze sehr schnell altern lassen – unnötigerweise, denn dank der Katzenmedizin können viele Krankheiten gut behandelt und Schmerzen gelindert werden.

Der Alterungsprozess

Jeder möchte alt werden, aber niemand möchte alt sein. Und wer alt ist, sagt, dass er sich gar nicht alt fühlt. Was ist überhaupt das Alter? Warum wird man alt?

Das Leben besteht aus drei Phasen: Entwicklung, Fortpflanzung und Alter. Die Geschwindigkeit des Alterns wird durch eine Kombination aus angeborenen Voraussetzungen und äußeren Faktoren bestimmt. Äußere Faktoren sind vor allem Umweltbedingungen, die Lebensweise und die Ernährung. Ihnen kommt die größere Bedeutung zu als den angeborenen Voraussetzungen. Diese sind in der kleinsten funktionalen Einheit der Katze zu suchen: der Körperzelle. Jede Sekunde sterben im Katzenorganismus mehrere Tausend Zellen ab, die umgehend durch neue, voll funktionsfähige ersetzt werden. Aus einer alten Zelle entstehen durch Teilung zwei neue. Nach einer bestimmten Anzahl von Teilungen sind die Zellen erschöpft, die Teilungsrate verlangsamt sich, bis sie ganz zum Stillstand kommt. Die Zelle stirbt.

Katzen- und Menschenalter

Die verbreitete Meinung, dass ein Katzenjahr in etwa sieben Menschenjahren entspricht, ist nicht mehr aufrechtzuerhalten. Wäre dem so, würde die Alterung von Katzen von Geburt bis zum Tod in gleichmäßigen Schritten ablaufen. Eine einjährige Katze wäre nach dieser Regel etwa im Einschulungsalter eines Kindes. Allerdings ist eine einjährige Katze meistens schon geschlechtsreif und fast ausgewachsen, entspricht eher einem pubertierenden Teenager. Eine Katze wird also sehr schnell erwachsen. Ein Mensch kurz vor der Pensionierung entspricht einer zehnjährigen Katze. Das 13. bis 16. Lebensjahr einer Katze ist vergleichbar mit

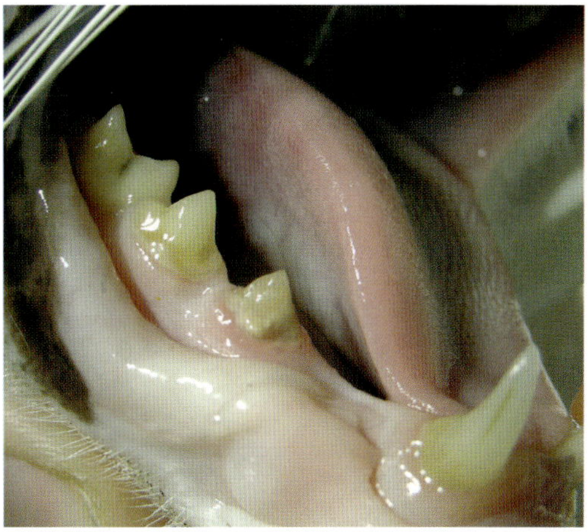

Zähne des Unterkiefers einer 15-jährigen Katze, deren Zähne noch nie behandelt wurden.

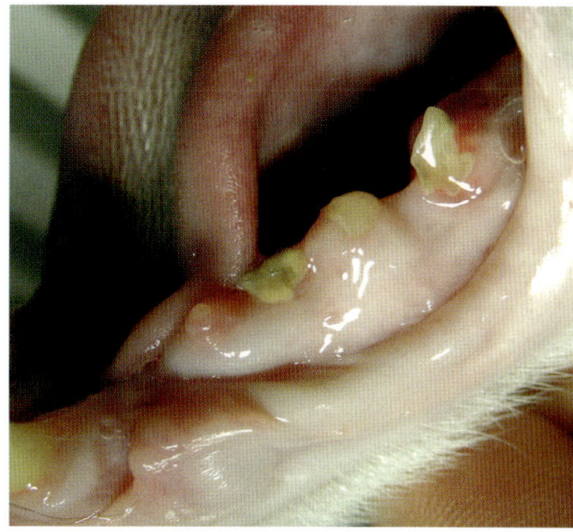

Zahnstümpfe bei einer vierjährigen Katze.

dem Zeitraum vom 70. bis 80. Lebensjahr des Menschen. Eine 20 Jahre alte Katze ist ungefähr so alt wie ein 95-jähriger Mensch.

Altersbestimmung

Bei einer ausgewachsenen Katze, deren Geburtsjahr nicht bekannt ist, kann das exakte Alter nicht sicher bestimmt werden. Anhand der Zähne ist eine genaue Altersangabe nur möglich, bis die letzten Zähne im Alter von sieben Monaten gewechselt sind. Das geschätzte Alter erwachsener Tiere kann bis zu zehn Jahre vom tatsächlichen Alter abweichen. Natürlich gibt es optische und Verhaltensunterschiede zwischen einem Katzenwelpen und einer 20-jährigen Katze, doch ob eine Katze drei oder 13 Jahre alt ist, ist ihr oft kaum anzusehen. Anhand des Abnutzungsgrades der Zähne oder deren Zustand ist ebenfalls keine sichere Altersbestimmung möglich.

Gewohnheiten ändern sich

In dieser Hinsicht geht es Katzen nicht anders als Menschen: Je älter man wird, umso mehr tragen Rituale und Gewohnheiten zum Wohlbefinden bei. Auf Veränderungen kann man nicht mehr mit der gewohnten Leichtigkeit und Flexibilität reagieren.

Bei Katzen wird das Bedürfnis nach Ruhe, Geborgenheit und viel Schlaf mit zunehmendem Alter immer ausgeprägter. Bis zu 20 Stunden pro Tag können alte Katzen schlafen. Ob man dem Senior also einen Gefallen tut, wenn man ihm einen jungen, spielumtriebigen Kameraden vorsetzt, ist fraglich. Freigängerkatzen verkürzen ihre Spaziergänge und verzichten bei Regen und Kälte sogar meist ganz darauf, das Zuhause zu verlassen.

Ab wann ist eine Katze alt?

Man ist so alt, wie man sich fühlt. Es gibt auch bei der Katze kein festgesetztes Lebensalter, ab dem sie alt ist. Denn Alter ist keine Krankheit, die therapiert werden muss. Entscheidend ist vielmehr, dass wir altersbedingte Wehwehchen und Erkrankungen frühzeitig erkennen, damit diese gelindert werden können. Und dass wir unserer Katze zum Beispiel Kletterhilfen anbieten, wenn sie nicht mehr so gut wie früher auf das Sofa oder die Fensterbank springen kann. Unabhängig davon, ob die Katze sieben oder 19 Jahre alt ist.

Der Katzen*senior* als Familienmitglied

Herausforderungen im Alltag

Schaut man sich bei alten Menschen an, mit welchen Schwierigkeiten sie zu kämpfen haben, kann sehr schnell eine Parallele zu unseren Katzen gezogen werden. Wenn früher die paar Treppenstufen ins obere Stockwerk ein „Katzensprung" waren, so können sie heute schon eine kleine Hürde darstellen. Wenn die Gelenke, die Bänder, Sehnen und die Muskulatur nicht mehr so wollen wie gewohnt, muss versucht werden, diese zu entlasten und zu schonen. Ein Mensch mit schmerzhafter Arthrose in Hüft- und Kniegelenken kann nicht jeden Tag in seine Wohnung im fünften Stock ohne Aufzug laufen. Vielen Menschen bleibt nichts anderes übrig, als in eine altersgerechte Wohnung zu ziehen. Ganz so schwierig ist es bei alternden Katzen nicht – hier kann in der Regel im gewohnten Umfeld eine Menge dafür getan werden, dass die Zipperlein des Alters die Lebensqualität nicht zu sehr einschränken.

Fellpflege

Was früher mehrere Stunden täglich in Anspruch genommen hat, wird im Alter deutlich verkürzt vollzogen: die Fellpflege. Aufgrund von Arthrosen ist die Katze nicht mehr so beweglich; gelangte sie in jungen Jahren problemlos an jede Stelle ihres Körpers mit der Zunge, so werden nun die schwer erreichbaren Partien ausgespart. Außerdem ermüden ältere Katzen deutlich schneller und schränken

Junge Katzen haben keine Probleme, überall am Körper Fellpflege zu betreiben. Wenn die Zipperlein des Alters auftauchen, sieht das anders aus.

auch deshalb die Fellpflege ein. Das Resultat können verklebte Haare, Schuppenbildung oder bei langhaarigen Katzen sogar hochgradige Verfilzungen sein. Hier ist die Hilfe des Menschen gefragt: Gewöhnen Sie Ihre Katze bereits früh an die Fellpflege. Die meisten Katzen genießen das Bürsten und Kämmen ungemein als zusätzliche Streicheleinheiten, und auch bei jungen Katzen kann so der Haarwechsel unterstützt werden.

Ist es zu groben Verfilzungen gekommen, hilft nur noch die Schere, die sehr vorsichtig eingesetzt werden muss. Da die Haut unterhalb der Haarknäuel nicht richtig atmen kann, entstehen leicht schmerzhafte Hautentzündungen. Im Bedarfsfall können mit einer Haarschneidemaschine die meisten Katzen sicher und schnell von Verfilzungen befreit werden.

Krallenpflege

Durch die Abnutzung am Kratzbaum – manchmal auch an der Tapete oder am Sofa – werden bei den meisten Katzen die Krallen kurz und scharf gehalten. Im fortgeschrittenen Alter werden manche Katzen allerdings auch hier bisweilen nachlässig, weil das Verrenken und Strecken am Kratzbaum womöglich schmerzhaft und unangenehm ist. Auch kann die verminderte Elastizität der Sehnen und Bänder für das Ein- und Ausfahren der Krallen dazu führen, dass die Krallen zu lang werden.

Bemerkt wird das Problem meist erst dann, wenn die Krallenspitzen auf hartem Boden Geräusche verursachen oder wenn die Katze in den Fäden des Teppichs hängen bleibt. Wenn die Wolfs- oder Daumenkralle unkontrolliert wächst, wird sie irgendwann in den

Ballen einwachsen, was zu einer schmerzhaften Entzündung führt. Kontrollieren Sie also bitte regelmäßig alle Krallen, vorn meist fünf auf jeder Seite, hinten meist nur vier. Die Kontrolle der Krallen mag bei den meisten Katzen noch durchführbar sein, das Kürzen der Krallen bereitet häufig größere Schwierigkeiten. Für die Krallenpflege gibt es im Fachhandel spezielle Zangen. Lassen Sie sich bitte von Ihrem Tierarzt zeigen, wie man die Krallen richtig schneidet.

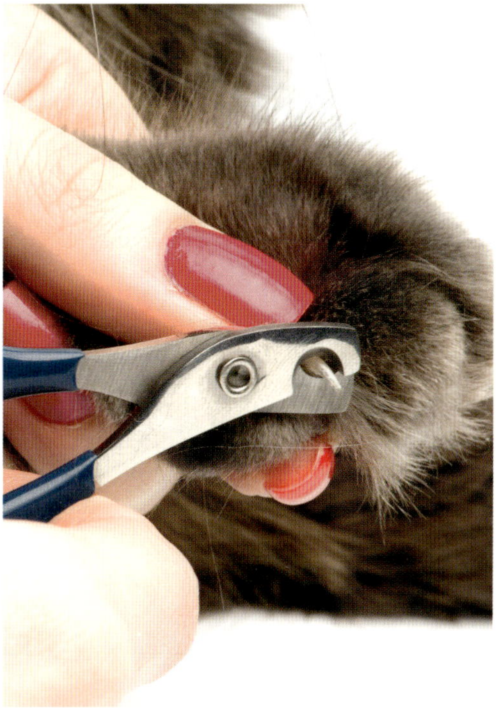

Beim Krallenschneiden werden nur die Krallenspitzen vorsichtig gekürzt.

Schlafplatz

Katzen liegen und schlafen gern erhöht. Manch einer mag sich schon einmal die Frage gestellt haben, wie seine Katze an die eine oder andere Stelle gelangt ist, ohne dabei Flügel benutzt zu haben. Diese Klettereien entfallen im Alter oft, da nicht nur die Gelenke nicht mehr so mitmachen wie gewohnt, sondern auch der Gleichgewichtssinn nachlässt. Sie müssen sich also überlegen, ob Sie Ihrer Katze mit kleinen Hilfsstufen oder Hockern den Weg zur Schlafhöhle oder zum Liegeplatz erleichtern können oder ob Sie ihr gänzlich neue, leicht zugängliche Lieblingsplätze anbieten.

Wenn der Lieblingsplatz Ihrer Katze die hohe Fensterbank ist, sollten Sie ihr den Weg dorthin ermöglichen, auch wenn sie nicht mehr so gut springen kann.

Mäuse

Die Mäuse freuen sich, wenn die Katze alt wird. Sie können Ihrer Katze das Mäusefangen nicht abnehmen, sodass das Jagdglück der Katze mit dem Maß schwindet, wie bei ihr die Probleme des Alters zunehmen. Solange sie aber noch Freude an der Jagd verspürt, solange sollte man ihr auch Gelegenheit dazu geben. Da es auch alte Mäuse gibt, stehen die Chancen auch bei gebrechlicheren Katzen nicht schlecht, hin und wieder eine Maus zu fangen. Eine zahnlose Katze ist übrigens noch in der Lage, erfolgreich auf Mäusejagd zu gehen.

Dass Ihre Katze keine Zähne mehr hat, bedeutet nicht zwangsläufig, dass sie keine Mäuse mehr erlegen kann.

Sehprobleme

Linsentrübung und Netzhautablösungen sind die häufigsten Ursachen für eine nachlassende Sehschärfe oder sogar Erblindung älterer Katzen. Eine Katze mit Seheinschränkungen sollte zu ihrer eigenen Sicherheit nicht mehr nach draußen gelassen werden. In der Wohnung oder im Haus wird sich selbst eine erblindete Katze noch gut zurechtfinden, sofern Sie das Mobiliar dauerhaft am gewohnten Platz belassen.

Hörprobleme

Wenn Sie feststellen, dass Ihre Katze plötzlich einen sehr tiefen Schlaf hat, ist dies in vielen Fällen auf das nachlassende Hörvermögen zurückzuführen. Manche Katzen hören gar nichts mehr, andere hören dagegen nur noch bestimmte Frequenzbereiche. Es wäre also gut möglich, dass eine Katze beim Rufen ihres Namens nicht mehr reagiert, aber dafür beim leisen Öffnen der Kühlschranktür plötzlich hungrig neben Ihnen steht.

Damit eine Katze mit Hörproblemen nicht erschrickt, sollten Sie sich nicht von hinten nähern, um sie anzufassen oder hochzuheben. Schwerhörige oder taube Katzen sind den Gefahren des Straßenverkehrs nicht gewachsen und sollten deshalb nur in einem sicher eingezäunten Garten ins Freie dürfen.

Verwirrtheit

Altersdemenz macht auch vor unseren Katzen nicht halt. Die Symptome können äußerst vielfältig sein, meist zeigen betroffene Katzen nächtliche Ruhelosigkeit, sie miauen ohne erkennbaren Grund und Absicht, verharren im Raum mit starrem, bewegungslosem Blick oder schauen einfach nur verwirrt umher.

Eine Therapie gibt es leider nicht; Sie müssen lernen, mit der Krankheit umzugehen. Die meisten Katzen leiden nicht darunter. Erst wenn die Nahrung nicht mehr als solche erkannt wird oder die Katzentoilette nicht mehr genutzt wird, sollte eine Entscheidung zum Wohl der Katze getroffen werden. Näheres zum Thema Altersdemenz auch ab Seite 55.

Unsauberkeit

Das Verfehlen der Katzentoilette um wenige Zentimeter (oder auch mehrere Meter) steht bei der alten Katze meist im Zusammenhang mit der zuvor genannten Altersdemenz. Den

In ihrer gewohnten Umgebung finden sich die meisten Katzen auch mit eingeschränkter Sehkraft gut zurecht.

meisten Katzen ist dieses Verhalten sehr unangenehm, sodass ein Beschimpfen oder sogar eine Bestrafung mehr als unangebracht sind. Im Gegenteil: Ein paar tröstende Worte, wenn mal wieder etwas vorbeigegangen ist, helfen der Katze über diese unangenehme Situation hinweg.

Vielen Katzen hilft es, wenn man eine oder zwei weitere Toiletten aufstellt, deren Einstieg nicht ganz so hoch ist, damit sie leicht hineingelangen können.

Eine alte Katze zieht ein

Wer sich bewusst für eine ältere Katze entschieden hat, weiß um mögliche Schwierigkeiten sowohl bei der Eingewöhnung als auch in Bezug auf die Gesundheit. Die meisten Menschen möchten kleine süße Katzenbabys, die von Anfang an da sind, die sich an die Verhältnisse in der Familie schnell anpassen und sie hoffentlich 20 Jahre begleiten.

Trotzdem gibt es viele gute Gründe für eine ältere Katze: Zum einen haben auch diese Stubentiger es verdient, die verbleibende Lebenszeit in einem schönen Zuhause zu verbringen. Zum anderen wird eine Katze, die ihre „Flegeljahre“ bereits hinter sich hat, auch nicht mehr so wild über Tisch und Bänke toben, sie ist möglicherweise häuslicher und deshalb gut geeignet für Menschen, die nachts aus Sorge um ihre im Garten verschwundene Katze nicht schlafen können.

Wer jedoch glaubt, eine alte Katze benötige weniger Zuneigung und Beschäftigung als eine junge, irrt. Eine alte Katze ist kein Haustier für Menschen, die fast nie zu Hause sind, nur weil man denkt, die Katze würde 20 Stunden am Tag schlafen. Auch sind ältere Katzen eher teurer im Unterhalt, da mit höheren Tierarztkosten zu rechnen ist. Außerdem sind bei vielen älteren Katzen die früheren Lebensumstände nicht bekannt. Sie können also nicht wissen, ob die Katze lieber in Gesellschaft mit anderen Katzen oder eher

Viele Katzen lieben Kinder und fühlen sich in ihrer Nähe sehr wohl. Wenn sie den Trubel jedoch nicht kennen, werden sie sich im Alter nur schwer an die neue Situation gewöhnen.

allein leben möchte, ob sie Freigang kennt, an Kinder oder sogar an Hunde gewöhnt ist und ob sie lieber Frauen oder Männer mag. Es ist gut möglich, dass die alte Katze bei Ihnen das Paradies auf Erden findet, aber es kann auch zum großen Frust kommen. Versuchen Sie, so viel wie möglich über das bisherige Leben der Katze herauszubekommen, um das Risiko möglichst gering zu halten, dass sie sich bei Ihnen nicht wohlfühlt.

Die alte Katze und Kinder

Idealerweise werden alte Katzen nicht unmittelbar mit Kindern konfrontiert, sondern wachsen mit ihnen zusammen heran. Dabei lernen die Kinder das Verhalten der Katzen kennen und wissen, wann es an der Zeit ist, die Katze in Ruhe zu lassen oder erst gar nicht zu stören. Aber auch die Katze lernt, wie sie dem Menschen klar zu verstehen geben kann, dass sie in Ruhe gelassen werden möchte, ohne ihn kratzen oder beißen zu müssen.

Die Eltern können durch Erklärungen bei ihrem Kind dessen Verständnis für die älter werdende Katze fördern. Instinktiv verhalten sich mit Katzen aufgewachsene Kinder meist richtig, sodass hier keine Probleme zwischen Kind und Katze zu befürchten sind. Kritisch könnte es werden, wenn eine ältere Katze aus einem sehr ruhigen Haushalt in eine Familie aufgenommen wird, in der sich die Kinder auf eine spielfreudige, schmusige und agile Katze freuen. Dann sind Schwierigkeiten vorprogrammiert.

Alte Katze, alter Mensch

Der positive Einfluss von Katzen auf alte Menschen ist bewiesen. Und auch umgekehrt: Alte Katzen profitieren oft von alten Menschen, haben diese doch genügend Zeit für Streicheleinheiten und nicht allzu wildes Spielen. Man ist füreinander da. Gerade ältere Katzen sind das ideale Haustier fürs Alter. Viele Tierheime tendieren sogar dazu, ältere Katzen ausschließlich an ältere Menschen abzugeben. Vor der Anschaffung der Katze sollte man sich allerdings Gedanken darüber machen, dass die Versorgung der Katze auch dann gewährleistet ist, wenn der zweibeinige Senior zum Beispiel krankheitsbedingt einmal ausfällt.

Die alte Katze beim Tierarzt

Für die allermeisten Katzen gilt, dass sie 100 Jahre alt werden könnten und sich dennoch nicht an den Tierarztbesuch gewöhnen würden. Die Ausrede des Katzenhalters: „Jetzt ist sie so alt, da wollen wir ihr den Tierarztbesuch ersparen", hören Tierärzte oft, doch diese Strategie hilft der Katze wenig. Gerade die ältere Katze sollte einmal jährlich dem Tierarzt vorgestellt werden. Meist passiert dort nichts Schlimmes: Sie wird gewogen, abgehört und abgetastet, die Temperatur wird gemessen, Mundhöhle und Ohren werden kontrolliert.

Schlimmer als dieses kurze Prozedere ist die Autofahrt, die Katzen oft großen Stress bereitet. Je kürzer der Anfahrtsweg, umso besser – suchen Sie deshalb möglichst eine Tierarztpraxis in der Nähe aus. Eine gute Praxisorganisation verhindert zudem, dass die Katze lange im Wartezimmer warten muss, vielleicht sogar noch neben Hunden, Kaninchen und schreienden Papageien. Verzichten Sie auf die Verabreichung von Beruhigungsmitteln, da sie bei einer vorhandenen, aber

Ältere Katzen haben ein größeres Ruhebedürfnis und lieben die Wärme.

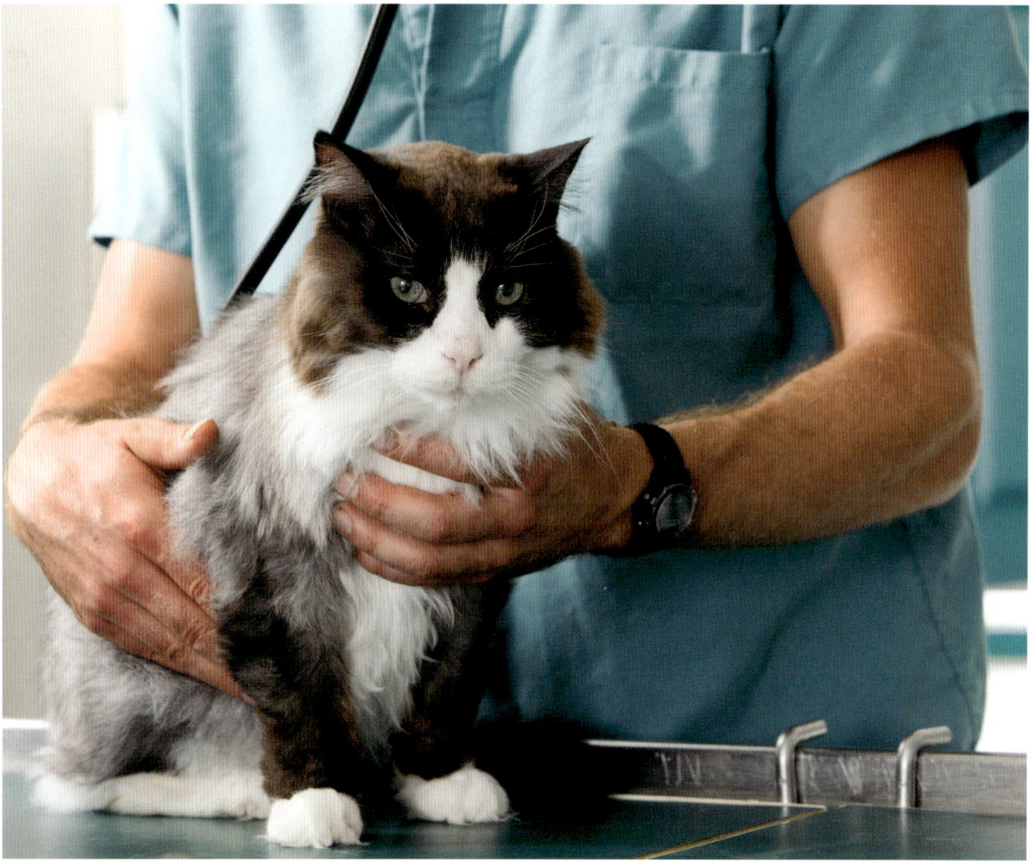

Der regelmäßige Kontrollbesuch beim Tierarzt kann auch älteren Katzen nicht erspart werden.

noch nicht erkannten Erkrankung zu heftigen Komplikationen führen können oder die Katze derart beeinflussen, dass eine aussagekräftige Untersuchung durch den Tierarzt nicht mehr möglich ist.

Spezielle Pheromonsprays für Katzen oder Notfalltropfen aus Bachblüten können sich positiv auf die Psyche auswirken und sind nebenwirkungsfrei. Gehört Ihre Katze zu den sehr nervösen und ängstlichen Vertretern ihrer Art, lohnt sich das Ausprobieren. Sinnvoll ist es auch, wenn der Anblick des Transportkorbs für die Katze zum Alltag gehört und er nicht erst kurz vor dem Tierarztbesuch hervorgeholt wird.

Hausbesuche als Lösung?

Hausbesuche wären eigentlich eine gute Möglichkeit, der Katze den Weg zum Tierarzt zu ersparen. Doch es gibt einen Haken: Gerade ältere Katzen schätzen ihr Zuhause als einen Ort der Ruhe, der Entspannung und der Rückzugsmöglichkeit. Jetzt kommt der Tierarzt, drückt an ihr herum, öffnet ihr den Mund, steckt ihr ein Thermometer in den Po und im allerschlimmsten Fall gibt er ihr noch einige Spritzen. Vorbei ist es mit dem Gefühl der Geborgenheit. Hausbesuche sollten gerade bei der älteren Katze deshalb nur im äußersten Notfall erfolgen. Eine Ausnahme ist der letzte Besuch, wenn die Katze eingeschläfert werden muss.

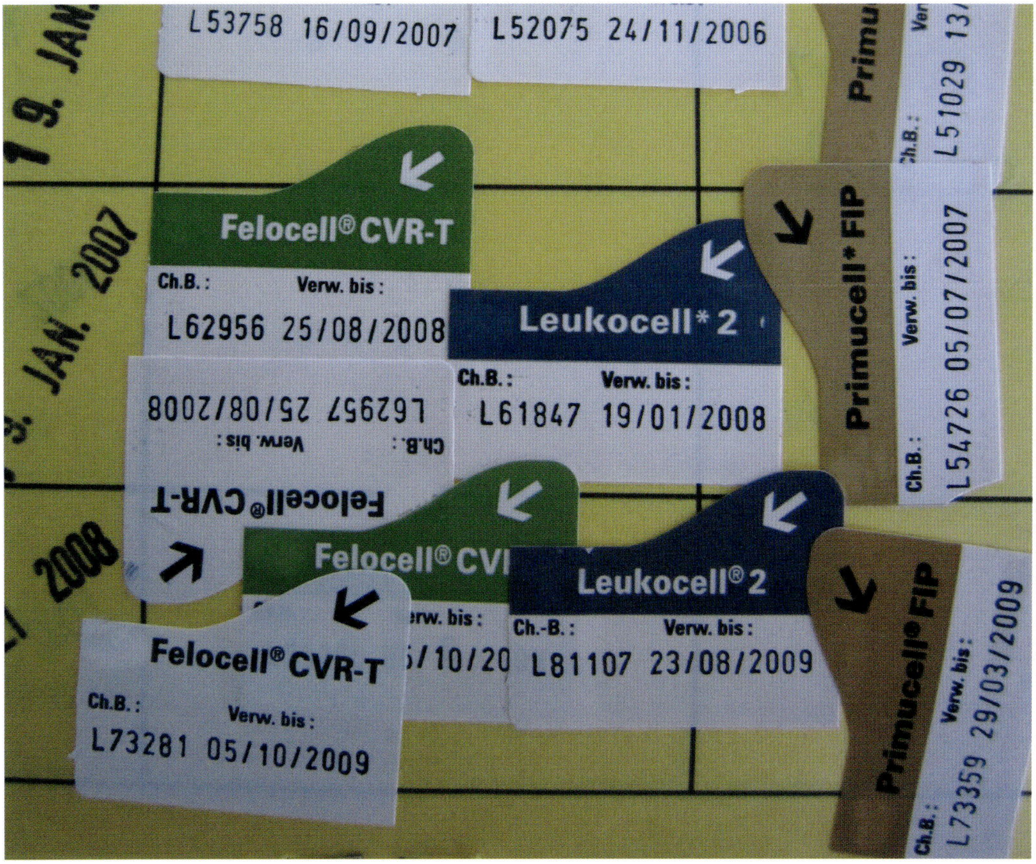

Impfpass einer 16-jährigen Wohnungskatze: Mehr Impfungen gehen kaum noch.

Impfungen und Entwurmungen

Über den Sinn und Unsinn von Impfungen bei Katzen wird viel diskutiert. Impfungen mit Sachverstand und abgestimmt auf die Lebenssituation der Katze sind wichtig und können unter Umständen Leben retten. Dennoch sind schätzungsweise 60 Prozent aller beim Tierarzt vorgestellten Katzen mit mehr Impfungen versorgt als eigentlich nötig. Einige Fragen, die Sie beim nächsten Tierarztbesuch gegebenenfalls stellen können: Sollte eine Katze über zehn Jahre noch gegen Leukose geimpft werden? Muss die Tollwutimpfung wirklich jedes Jahr sein? Meine Katze geht nur noch durch den Garten, nicht weiter. Müssen wir dennoch gegen Tollwut impfen? Müssen Wohnungskatzen wirklich jedes Jahr geimpft werden? Ich gebe Ihnen die Antwort vorab: Nein.

Wurmkuren sind so lange notwendig, wie die Katze Mäuse oder andere Beutetiere fängt. Wenn Sie das Gefühl haben, dass der Mäusefang ins Stocken gerät oder vollständig zum Erliegen kommt, sollten Sie nicht, der Gewohnheit folgend, mit den regelmäßigen Wurmkuren fortfahren. Stattdessen bringen Sie Ihrem Tierarzt jährlich, bei reiner Wohnungshaltung genügt es auch alle zwei Jahre, eine Kotprobe zur Untersuchung vorbei. Es bietet sich der Zeitpunkt an, wenn Sie ohnehin mit Ihrer Katze zum Kontrollbesuch kommen.

Was alte *Katzen* brauchen

Seniorenteller für Samtpfoten

Wie bei anderen Lebewesen auch, geht bei der Katze der Energiebedarf mit zunehmendem Alter allmählich zurück, da sich die körperliche Aktivität verringert. Alte Katzen haben weniger Appetit, was unter anderem auf nachlassende Geruchs- und Geschmacksempfindungen, Zahnprobleme und eventuell vorhandene Schmerzen zurückzuführen ist. Manche Katzen nehmen leicht erwärmtes Futter besser auf.

Altersverwirrte Katzen können schon mal vergessen, dass sie noch nichts gefressen oder getrunken haben. Darauf muss der Katzenhalter achten und gegebenenfalls den Senior zum Napf führen. Selbstverständlich sollte die Katze leicht zum Fress- und Trinkplatz gelangen und auf dem Weg dorthin keine Hindernisse wie zum Beispiel Treppen überwinden müssen.

Bei der Ernährung von Katzensenioren ist zu berücksichtigen, dass die Eiweiß- und Fettverdauung im Darm abnimmt, sodass hochwertiges Futter besonders wichtig ist. Viele Katzenhalter berichten, dass ihre Katze im Alter sehr wählerisch bei der Nahrungsauswahl wird und dass viele verschiedene Futtermittel ausprobiert werden müssen, bis eines letztendlich zusagt. Auch wenn mittlerweile viel über die Katzenernähung bekannt ist und die Forschung interessante Fakten herausgefunden hat, so besteht doch eines der Hauptprobleme in der gesunden Katzenernährung darin, dass die Katze nicht immer das für sie

Katzen sind sehr wählerisch. Gerade für Katzensenioren ist es oft wichtiger, ein Futter zu finden, das akzeptiert wird, als eines, das ernährungsphysiologisch am besten ist.

optimale Futter mag, sondern zum Beispiel das günstige Discounterfutter bevorzugt.

Machen Sie bitte keine Wissenschaft aus dem Ernährungsverhalten Ihrer Katze. Falls Sie feststellen sollten, dass Ihre Katze an Gewicht verliert oder zunimmt, sollten Sie den Rat eines Experten suchen, bevor Sie Veränderungen an der Futterzusammensetzung vornehmen.

Was taugen Nahrungsergänzungsmittel?

Nahrungsergänzungsmittel wie Vitamine und Antioxidanzien erfreuen sich auch bei der Katzenernährung wachsender Beliebtheit. Doch braucht unsere Katze diese Zusatzstoffe überhaupt? Oder können derlei Zusätze unter Umständen sogar schaden? In hochwertigen Fertigfuttermitteln sind alle lebensnotwendigen Substanzen in ausreichender Menge enthalten, sodass eine Minderversorgung mit lebensnotwendigen Bestandteilen nur dann befürchtet werden muss, wenn die Aufnahme dieser Stoffe im Darm gestört ist.

Vitaminpräparate sind oft hoch dosiert und in ihrer Zusammensetzung nicht sinnvoll. Schon gar nicht sollte man Nahrungsergänzungsmittel für Menschen bei der Katze einsetzen. Viele Menschen setzen die Gabe von Vitaminen mit Gesundheit und Wohlbefinden gleich: „Geben Sie doch meiner Katze ein paar Vitamine, dann geht's ihr bestimmt besser", ist ein häufig geäußerter Wunsch beim Tierarzt. Vitamine sind zwar lebensnotwendig, in zu großen Mengen oder in falscher Zusammensetzung können sie die Katze jedoch auch krank machen.

Bevor Sie das Katzenfutter mit Zusatzstoffen ergänzen, lassen Sie sich bitte von einem Tierarzt mit Erfahrung auf diesem Themengebiet beraten.

Fütterungsphilosphien

Gerade der älteren Katze möchte man gern etwas besonders Gutes tun. Beliebt ist das Barfen, eine Fütterungsphilosophie, nach der die Katze rohes Fleisch, Knochen und Gemüse bekommt. Andere versuchen, ihre Katze in der Hoffnung auf ein langes und gesundes Leben rein vegetarisch zu ernähren. Auch selbst gekochtes Katzenfutter wird von einigen, die dem Dosenfutter misstrauen, hergestellt. In diesem Ratgeber möchte ich mich nicht an den manchmal ausufernden Diskussionen über das Für und Wider bestimmter Fütterungsdogmen beteiligen, nur so viel soll gesagt werden:

- Vegetarische Ernährung ist bei Katzen tierschutzwidrig.
- Die allermeisten Katzen, die mit Futter aus der Dose oder Tüte ernährt werden, sind bis ins hohe Alter aktiv und gesund und essen ihr Katzenfutter mit Genuss.
- Wer das Futter für seine Katze selbst zubereiten möchte, benötigt sehr gute Kenntnisse über die Katzenernährung. Nur dann kann einer Mangel- oder Überversorgung vorgebeugt werden.

Leckerli für Katzenoldies

„Darf meine Katze auch mal ein Stück Käse essen? Kann ich ihr Tartar geben? Sie isst so gern Butter, schadet das? Sonntags bekommt sie immer ein Stück von unserem gekochten Ei. Ist das ungesund?" Wie so oft gilt auch hier: Die Dosis macht das Gift. Der Mensch weiß, dass Sahnetorte, Pommes frites, Cheeseburger und Weißbrot auf Dauer seiner Gesundheit nicht förderlich sind. Aber in Maßen genossen können sie die Lebensqualität steigern. Wer seiner Katze noch nie Leckerli zugefüttert hat, braucht auch nicht im Alter damit zu beginnen, es sei denn, die Katze entwickelt eine Vorliebe für das ein oder andere ungesunde Essen. Solange kein Durchfall und kein Erbrechen dadurch ausgelöst werden, habe ich von tierärztlicher Seite nichts dagegen, solange es sich tatsächlich nur um die gelegentliche Verabreichung geringer Mengen handelt. Absolutes Gift sind Schokolade, Zwiebeln und Knoblauch. Lassen Sie sich bitte nicht von den Versprechen auf den Packungen von Katzenleckerli täuschen: Sie sind keinesfalls ein gesundheitsfördernder Ersatz für eine ausgewogene Ernährung.

Lust aufs Trinken wecken

Viele Katzen neigen dazu, zu wenig Flüssigkeit aufzunehmen. Manche lassen sich durch einen Zimmerspringbrunnen zum Trinken animieren, andere hingegen ignorieren diese Wasserquellen konsequent. Besser schmeckt vielen Katzen das Wasser aus Blumenunterschalen. Dagegen spricht nichts, solange die Blumen ungedüngt sind.

Das stille Örtchen

Für ältere Katzen ist es wichtig, dass sie die Katzentoilette schnell und leicht erreichen können. Bei größeren Wohnungen oder Häusern bietet es sich unter Umständen an, eine zusätzliche Toilette aufzustellen.

Arthrosepatienten mit Schmerzen können Schwierigkeiten haben, den Einstieg in die Toilette zu schaffen. In diesem Fall sollten Sie eine Toilette mit niedrigem Eingang wählen.

Im Alter kann außerdem die Reinlichkeit schwinden. Während früher stundenlang ausgiebige Körperpflege betrieben wurde, wird heute lieber geschlafen. Achten Sie insbesondere auf den Afterbereich Ihrer Katze. Ist er

Katzen, die es zeit ihres Lebens gewohnt waren, die nähere Umgebung draußen erkunden zu dürfen, schätzen die kleine Freiheit auch im Alter meist noch sehr.

durch Kotreste verklebt? Wäre es besser, die Haare dort zu kürzen? Putzt die Katze sich dort überhaupt noch?

Freigang für den Senior?

Nur weil man alt ist, braucht man nicht auf sein Vergnügen zu verzichten. Was macht der Katze schon seit Jahren Freude? Fängt sie vielleicht gern Mäuse? Nach der letzten Zahnsanierung ist kein einziger Zahn mehr im Mund verblieben. Was tun? Sie nicht mehr nach draußen lassen? Auch Katzen ohne Zähne können erfolgreich der Mäusejagd nachgehen. Wenn jedoch das Gehör und die Sehkraft nachlassen, kann das eine Gefahr für die Katze darstellen, da sie herannahende Autos nicht mehr hört oder den Nachbarhund nicht mehr sieht. In diesen Fällen sollten Sie die Katze zu ihrem eigenen Wohl im Haus behalten.

Auch nachlassende Muskelkraft und Schnelligkeit können der Katze im Revier das Leben schwer machen. Die meisten Katzen können ihre Kräfte jedoch sehr gut einschätzen und reduzieren im Alter ihre Kampfeslust, verkürzen ihre täglichen Rundgänge oder bleiben gleich in der Nähe ihrer Behausung. Grundsätzlich darf die ältere Katze also natürlich auch weiterhin nach draußen. Der Freigang ist ihr nur zu verwehren, wenn eine Gefahr für ihr Leben besteht. Dies ist der Fall, wenn die Katze

- nicht mehr ausreichend hört,
- nicht mehr ausreichend sieht,
- bei Gefahr nicht mehr auf einen Baum klettern kann,
- sich nicht mehr gegen andere Katzen zur Wehr setzen kann,
- ihre Katzenklappe nicht mehr erreicht,
- einen verwirrten Eindruck macht,
- nicht mehr nach Hause findet.

Es stimmt nicht, dass alte Katzen nicht mehr spielen mögen – nur etwas weniger wild darf es zugehen.

Spaß und Unterhaltung

Was können Sie gegen die Langweile Ihrer Katze tun, wenn diese nicht mehr so häufig und deutlich kürzer nach draußen geht? Braucht Ihre Katze ein Seniorenprogramm, damit sie nicht völlig abbaut und damit ihr Leben lebenswert bleibt? Ist die Katze unglücklich, wenn sie den Großteil des Tages verschläft? Sollten wir uns Spielchen überlegen, um sie auf Trab zu halten? Will die Katze das überhaupt? Ein Katzenhalter, der 15 Jahre kaum mit seiner Katze gespielt und geschmust hat, wird von ihr mit großen Augen angeschaut, wenn er plötzlich mit einer Stoffmaus am Faden vor ihr steht und mit ihr spielen will. Die Devise heißt also: Beschäftigen Sie sich schon mit Ihrer jungen Katze, bieten Sie ihr Abwechslung und ein buntes Programm. Dann können Sie sie auch im Alter leichter fit halten. Oder was würden Sie davon halten, wenn Sie Ihr Leben lang sportlich desinteressiert waren und dann in der Seniorengruppe zu Fitnessübungen genötigt werden? Kein schöner Gedanke.

Rückzugsmöglichkeiten

Katzen finden immer einen Platz zum Schlafen und Entspannen – und allzu oft wählen sie einen ganz anderen Ort als den, den wir für sie vorgesehen und so schön ausgestattet haben. Tipps zur Gestaltung einer gemütlichen Kuschelhöhle kann man sich deshalb ersparen. Viele Katzen bevorzugen den Korb mit der Wäsche oder den Platz unter der Bettdecke.

Wo auch immer Ihre Katze am liebsten ihr Nickerchen verbringt: Wichtig ist, dass sie sich zurückziehen kann und nicht ständig von Kindern, Staubsaugern oder Ähnlichem aus dem Schlaf gerissen wird. Bedenken Sie, dass der Weg zum Lieblingsplatz im Alter beschwerlicher sein kann als in jungen Jahren. Machen Sie es Ihrer Katze aber auch nicht zu leicht: Wer rastet, der rostet.

Spielideen ohne Ende

Egal ob Fummelbrett, Mitbringsel aus der Natur oder selbst gebasteltes Spielzeug: Ihre Katze wird Freude daran haben. Auch für das spielerische Clickertraining lassen sich selbst ältere Katzen oft noch sehr begeistern, und auch als Mensch kann man viel Spaß daran haben.

Typische *Krankheiten* alter Katzen

Zwischen den typischen Alterserkrankungen von Katze und Mensch gibt es viele Parallelen. Insbesondere der Diabetes mellitus sowie Nieren-, Herz- und Tumorerkrankungen kommen auch bei Katzen häufig vor.

Dieser Ratgeber kann kein tiermedizinisches Lehrbuch ersetzen und schon gar nicht den Besuch beim Tierarzt. Ich möchte Ihnen hier die wichtigsten Eckdaten der Erkrankungen zusammenstellen und Ihnen das nötige Wissen zur Beurteilung des Gesundheitszustands Ihrer Katze an die Hand geben. Wenn Sie mit den eventuellen Symptomen einer Erkrankung vertraut sind, können Sie im Verdachtsfall bei Ihrer Katze schnell reagieren. Für die Behandlung ist selbstverständlich der Tierarzt zuständig, dessen Therapieansatz und Erklärungen Sie dank der Informationen in diesem Kapitel besser verstehen können.

Feliner Diabetes mellitus

Wie beim Menschen werden auch bei der Katze Diabetes Typ 1 und Typ 2 unterschieden. Der angeborene Typ-1-Diabetes ist sehr selten, in den allermeisten Fällen handelt es sich um den Typ 2, den sogenannten Altersdiabetes. Kastrierte Kater sind von der Zuckerkrankheit doppelt so oft betroffen wie weibliche Tiere. Die meisten Katzen sind zum Zeitpunkt der

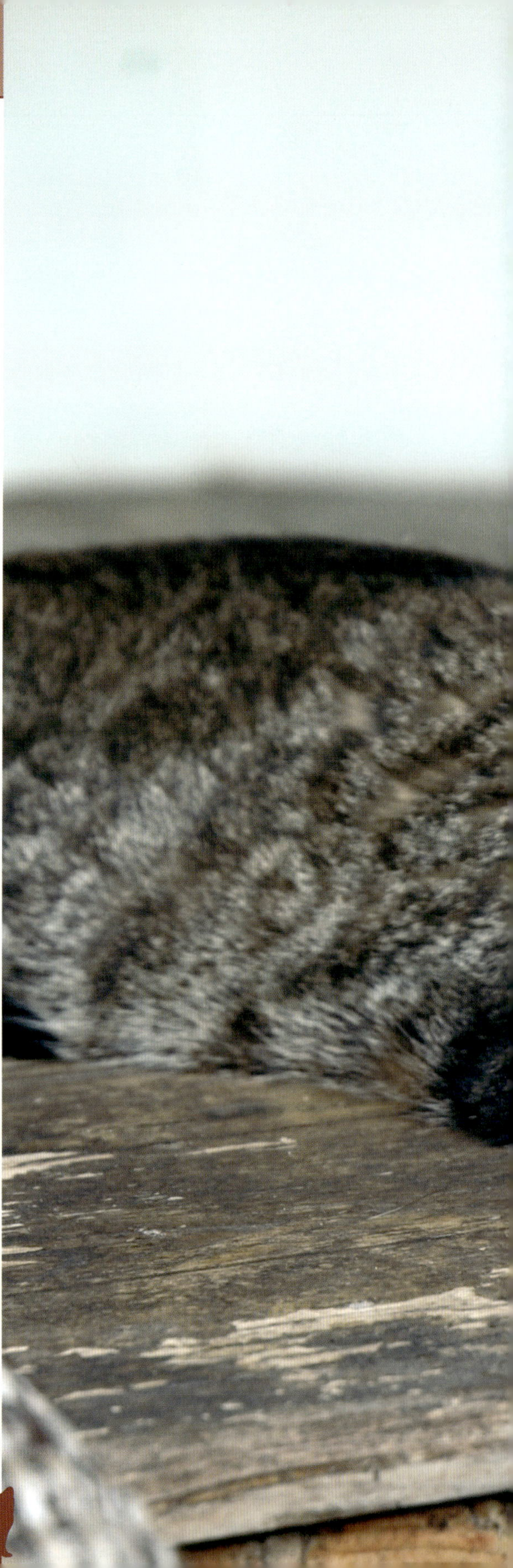

Wenn jede verfügbare Wasserquelle zum Trinken genutzt wird, kann dies ein Hinweis auf beginnenden Diabetes sein.

Erkrankung älter als sieben Jahre, es können jedoch Katzen jeder Altersstufe erkranken.

Ursachen

Der Erkrankung liegt eine Kombination aus Insulinresistenz des Gewebes und mangelnder Insulinfreisetzung aus der Bauchspeicheldrüse zugrunde. Übergewichtige Katzen neigen besonders häufig zu dieser Erkrankung.

Die Zuckerkrankheit bei der Katze kann außerdem durch Entzündungen der Bauchspeicheldrüse sowie durch die medikamentöse Gabe von Kortison und anderen Hormonen ausgelöst werden.

Symptome

Das von Katzenhaltern am häufigsten beobachtete Symptom ist das vermehrte Trinken, wobei nicht unbedingt die Wasseraufnahme beobachtet wird, sondern vielmehr die großen Mengen an Urin in der Katzentoilette. Ein weiteres typisches Symptom ist der sehr große Appetit bei abnehmendem Körpergewicht.

Warum trinkt eine Katze mit Diabetes so viel? Übersteigt der Blutzuckerwert eine bestimmte Höhe, kann der Zucker nicht mehr von den Nieren zurückgehalten werden, sondern wird über die Nieren und letztendlich über den Urin ausgeschieden. Da Zucker eine Wasser anziehende Wirkung hat, kann der Urin nicht ausreichend konzentriert werden und wird mit viel Wasser ausgeschieden. Die Katze trinkt also mehr, weil sie durch den Zucker im Urin mehr Wasser verliert und deswegen Durst verspürt.

Der gesteigerte Appetit bei gleichzeitigem Gewichtsverlust ist direkt auf den Insulinmangel zurückzuführen: Das Hormon Insulin befördert Zucker in die Zellen, wo er als Energielieferant gebraucht wird. Wenn nun entweder kein Insulin vorhanden ist oder die Zellen nicht auf das Insulin reagieren, kann keine Energie in den Zellen produziert werden. Die Katze isst und isst, aber der Zucker aus der Nahrung kann nicht verwertet werden. Unbehandelt würde die Katze irgendwann quasi mit vollem Bauch verhungern.

Komplikationen und Spätfolgen

Eine gefürchtete Komplikation ist die diabetische Ketoazidose. Sie tritt auf, wenn ein Diabetes nicht behandelt wird, und stellt eine sehr schwerwiegende Stoffwechselentgleisung dar, an der viele Katzen sterben. Mögliche Symptome sind mangelnder Appetit, Erbrechen, Durchfall, Austrocknung und Teilnahmslosigkeit. Schnelles Handeln ist hier gefordert, um das Katzenleben zu retten!

Zu den möglichen Spätfolgen des Diabetes gehört eine Nervenerkrankung, die sich in vermindertem Sprungvermögen und einer seltsam watschelnd aussehenden Gangart der Hintergliedmaßen äußert. Betroffene Katzen laufen auf ihren Fersen. Schätzungen zufolge entwickeln zehn Prozent der diabetischen Katzen diese Symptome. Die Therapie besteht in der Behandlung des Diabetes. Einige Katzen verbessern ihre Gangart daraufhin deutlich, andere zeigen trotz erfolgreicher Therapie keine Verbesserung.

Diagnose

Ein Tierarzt kann die Diagnose Diabetes anhand der Untersuchung der Katze sowie einer Urin- und Blutprobe meist ohne Probleme stellen.

Bringen Sie, falls möglich, Urin Ihrer Katze zur Untersuchung mit. Mit einem Teststreifen kann der Zuckergehalt bestimmt und der Nachweis von sogenannten Ketonkörpern, die bei einer diabetischen Ketoazidose erhöht sind, erbracht werden. Viele diabetische Katzen haben eine Blasenentzündung, die zusätzlich zum eigentlichen Problem behandelt werden muss. Benutzen Sie für die Uringewinnung nicht saugfähige Katzenstreu, die Sie beim Tierarzt oder im Fachhandel bekommen, und eine Pipette. Die meisten Katzen gehen problemlos auf eine Katzentoilette mit ungewohnter Einstreu.

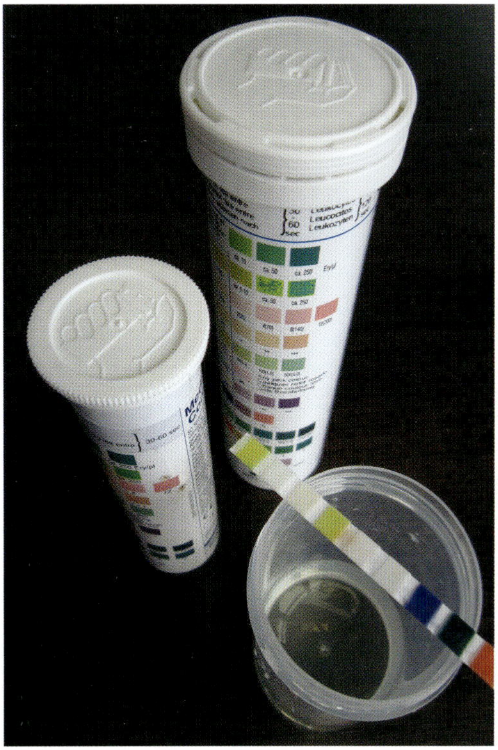

Die Urinuntersuchung mittels Teststreifen bringt schnell Klarheit.

Bei der Entnahme einer Blutprobe ist zu beachten, dass viele Katzen sich beim Tierarzt derart aufregen, dass der Blutzuckerwert akut ansteigt und einen Diabetes vortäuschen kann. Besteht Zweifel an der Diagnose, kann eine Unterscheidung, ob es sich nur um eine stressbedingte Zuckererhöhung handelt oder

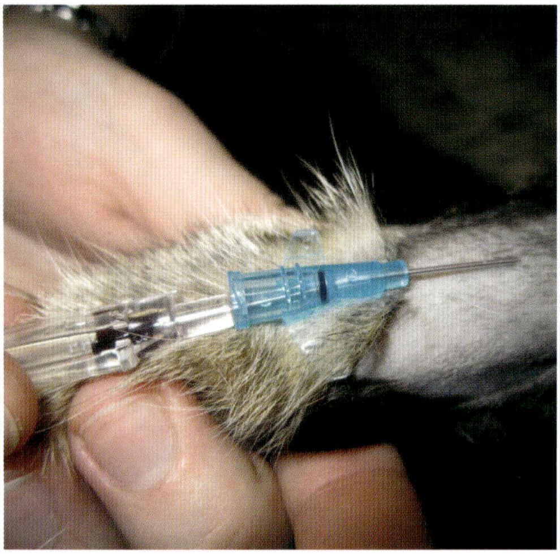

Eine Blutentnahme ist bei Diabetesverdacht notwendig, auch wenn sie für die Katze mit Stress verbunden ist.

nicht, mithilfe der Laboruntersuchung des Blutes auf Fructosamin erfolgen. Dieses Protein gibt Auskunft darüber, ob in den vergangenen drei Wochen der Blutzuckerwert dauerhaft erhöht war.

Therapie

Je frühzeitiger die Krankheit erkannt wird, umso besser ist die Prognose für ein langes Überleben. Veränderungen im Ess- und Trinkverhalten, Gewichtsverlust oder eine auffällige und ungewohnte Gangart sollten nicht auf das Alter geschoben oder mit irgendwelchen Tröpfchen und Globuli therapiert werden. Allzu häufig werden dem Tierarzt diabetische Katzen mit lebensbedrohlicher diabetischer Ketoazidose vorgestellt, weil wochenlang die Symptome missachtet wurden oder weil der Besitzer glaubte, es würde schon wieder werden. Ein Diabetes ist weder mit Homöopathika noch mit Bachblüten in den Griff zu bekommen. Wer das behauptet oder sogar versucht zu erreichen, handelt tierschutzwidrig. Leider kommt es dennoch vor – mit meist tödlichem Ausgang für die Katze.

Zur Therapie eignen sich in leichteren, früh erkannten Fällen unter Umständen Tabletten; bei starker Entgleisung der Blutzuckerwerte wird man an einer Behandlung mit Insulin nicht vorbeikommen.

Kaum eine Katze kann dauerhaft wirksam mit Tabletten therapiert werden. Für den Einsatz aller oralen Antidiabetika gilt, dass diese nur angewendet werden sollten, wenn die Katze bei gutem Allgemeinbefinden ist und keine Ketonkörper im Urin nachzuweisen sind. Bei vielen Katzen nimmt die Wirkung der Tabletten nach wenigen Wochen bis Monaten ab, sodass spätestens dann eine Umstellung auf Insulin nötig wird.

Jede Insulintherapie sollte nach vorangegangenem Blutzuckertagesprofil erfolgen. Dabei wird die nüchterne Katze morgens beim Tierarzt stationär aufgenommen. Nach der Insulingabe wird alle zwei Stunden der Zuckerwert gemessen. So erkennt man, wie und ob die Katze auf das Insulin reagiert, und kann die optimale tägliche Insulindosis bestimmen. Das Spritzen von Insulin als Präparat ersetzt das natürliche Hormon aus der Bauchspeicheldrüse.

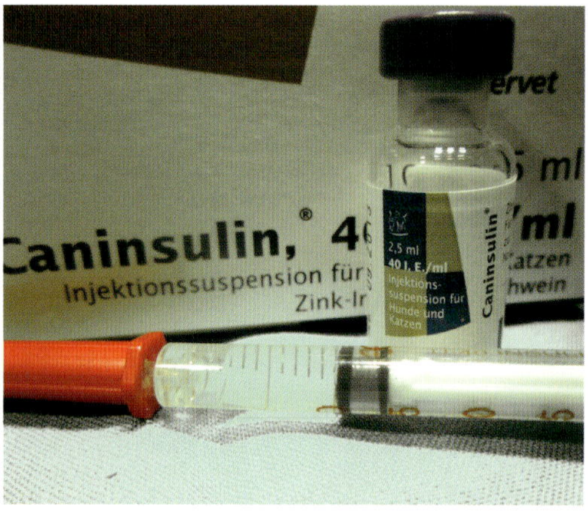

Beim Spritzen von Insulin ist die Einhaltung der exakten Menge sehr wichtig.

Nicht zu vergessen ist die Bedeutung der Fütterung: Selbst gesunde Katzen können als Fleischfresser Kohlenhydrate nur sehr langsam verstoffwechseln. Daher ist es wichtig, eine kohlenhydratarme und proteinreiche Diät zu verabreichen. Zudem sollte wenig Fett enthalten sein. Spezielle Diätfuttermittel entsprechen diesen Anforderungen, werden aber nicht immer gern gefressen. Bei Berücksichtigung der genannten Nährwertanteile ist natürlich auch eine andere Futtersorte in Ordnung. Gut ist ein hoher Rohfaseranteil im Futter.

Prognose

Der Diabetes ist eine schwerwiegende Stoffwechselerkrankung der Katze. Nur in sehr seltenen Fällen kommt es zu einer Spontanheilung. Der Therapieerfolg ist von einigen Faktoren abhängig, unter anderem von der Kooperation der Katze bezüglich der Injektionen, dem Management des Katzenhalters und der Wirkung des Insulins. Viele Katzen können jahrelang erfolgreich behandelt werden, bei anderen bleibt der gewünschte Erfolg aus und sie versterben. Wichtig ist, dass Ihnen Ihr Tierarzt mit Rat und Tat zur Seite steht und Sie gründlich und gewissenhaft in die Möglichkeiten der Heimversorgung einweist.

Versorgung zu Hause

Die entscheidende und meist lebenslange Therapie muss von Ihnen zu Hause vorgenommen werden. Auch wenn Sie sich anfangs davor scheuen, Ihrem Stubentiger selbst Blut zu entnehmen und Insulin zu spritzen: Mit der Zeit werden Sie Routine erlangen und die Versorgung Ihrer Katze in den Tagesablauf integriert haben.

Das Insulin wird meist zweimal täglich verabreicht. Die Nadeln der Insulinspritzen sind sehr dünn, sodass viele Katzen den Einstich selbst zwar nicht spüren, aber dafür das Festhalten als unangenehm empfinden.

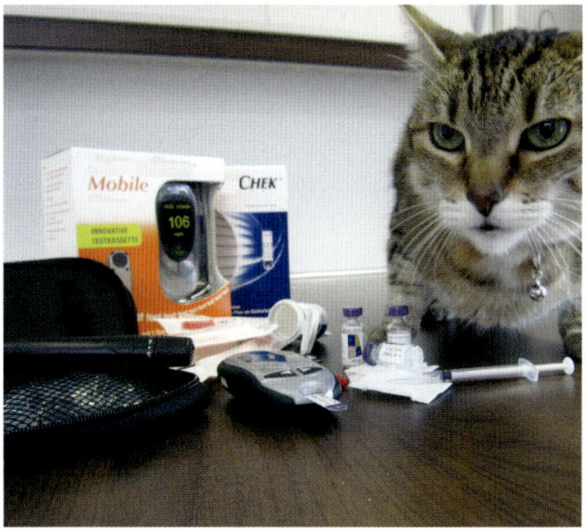

Katze und Grundausstattung sind bereit: Dann kann die Kontrolle der Blutzuckerwerte losgehen.

Folgende Regeln zur Insulininjektion sollten Sie beachten:

- Lassen Sie sich die Vorgehensweise von Ihrem Tierarzt in Ruhe zeigen.
- Rollen Sie das Insulinfläschchen vor Entnahme des Insulins einige Sekunden in Ihrer Hand hin und her. Nicht schütteln!
- Nehmen Sie jeden Tag eine andere Stelle für die Injektion. So vermeiden Sie Entzündungen der Haut.
- Heben Sie beim Spritzen die Haut an. So vermeiden Sie, dass das Insulin in die Muskulatur injiziert wird – es soll nur subkutan, also direkt unter die Haut, gespritzt werden.
- Halten Sie die Haut für einige Sekunden nach der Injektion noch angehoben. So vermeiden Sie, dass das Insulin wieder aus der Einstichstelle herausfließt.
- Setzen Sie die Spritze parallel zur Haut und mit der Spitze Richtung Kopf an. Sollte die Katze beim Einstich zucken oder zappeln, kann die Nadelspitze nicht in tiefer liegende Gewebe gelangen.

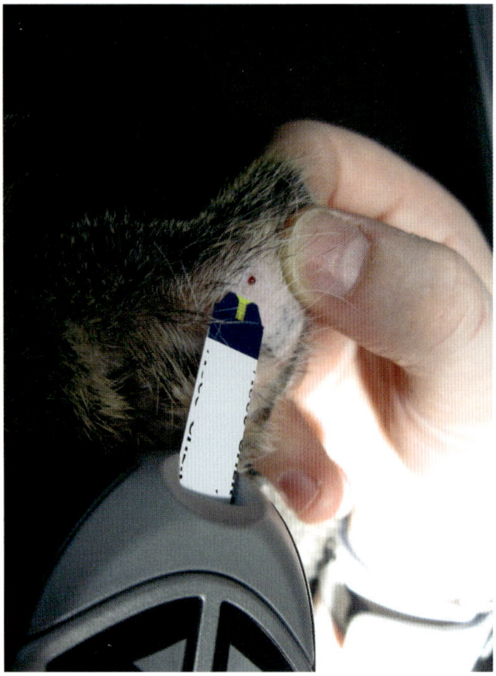

Mit etwas Übung geht das Blutzuckerbestimmen blitzschnell und ist weder für die Katze noch für den Menschen eine große Sache.

Neben dem Spritzen von Insulin ist die Kontrolle der Blutzuckerwerte Ihrer Katze eine wichtige Aufgabe. Nur dann können Sie das Insulin richtig dosieren und vermeiden sowohl eine Überzuckerung als auch eine ebenfalls gefährliche Unterzuckerung. Gerade zu Beginn der Behandlung empfiehlt sich die Bestimmung der Blutglukose mehrmals täglich zu folgenden Zeiten:

- Nüchtern, frühmorgens, vor der ersten Insulininjektion. Der Zuckerwert ist bei einem Diabetiker dann sehr hoch.
- Sechs Stunden nach Injektion des Insulins. Bei einer optimalen Insulindosierung und -wirkung sollte der Blutzuckerwert annähernd im Normalbereich sein.
- Abends, kurz vor der zweiten Insulininjektion. Der Zuckerwert ist bei einem Diabetiker dann wieder sehr hoch.

Die meisten Katzen tolerieren die Blutzuckermessung nur eingeschränkt. Sobald man zuverlässige und gleichmäßige Werte bekommt, kann die Häufigkeit der Messungen deutlich reduziert werden.

Blutzuckermessgeräte für den Menschen aus der Apotheke sind auch für Katzen geeignet. Fragen Sie Ihren Tierarzt, welches Gerät er empfiehlt. Meist kann er Ihnen sogar direkt ein Messgerät geben. Nicht alle Katzen freuen sich über eine Nadel im Ohr, die meisten tolerieren es aber.

Erstellen Sie sich eine Tabelle, in die Sie die Blutzuckerwerte eintragen können. Sie hilft Ihnen und dem Tierarzt, den Verlauf der Erkrankung besser beurteilen zu können. Auf Seite 37 ist beispielhaft eine solche Tabelle gezeigt.

Zum Entnehmen des Blutes am Ohr gehen Sie wie folgt vor:

- Suchen Sie sich eine haarlose Stelle an der Ohrinnenseite.
- Betupfen Sie diese mit einem warmen Tuch, um die Durchblutung zu fördern.
- Setzen Sie dann die Lanzette an die Ohrinnenseite und drücken Sie ab. Die Nadel durchdringt die Haut im Bruchteil einer Sekunde.
- Drücken Sie ein wenig am Ohr, sodass sich an der Einstichstelle ein kleiner Blutstropfen bildet.
- Setzen Sie dann das Messgerät an.
- Anschließend tupfen Sie die Einstichstelle mit einem kleinen Tupfer kurz ab.
- Vergessen Sie nicht, sich bei Ihrer Katze für die Geduld zu bedanken.

Je nach Messgerät können sich die angezeigten Einheiten unterscheiden. Der Normalbereich für den Blutzuckergehalt einer Katze liegt bei 80 bis 120 mg/dl oder 4 bis 8 mmol/l.

Blutzucker- und Insulinwerte

Diabetes diagnostiziert am 09.05.2012

Nächster Termin zur Nachkontrolle beim Tierarzt am 25.05.2012

Datum	Uhrzeit	Blutwert	Insulindosis	Besonderheiten
17.05.2012	08.00	375 mg/dl	4 IU	sehr munter
17.05.2012	20.00	279 mg/dl	2 IU	alles gut

Eine Katze, die ohne ersichtlichen Grund oder bei der geringsten Belastung mit offenem Mund atmet, sollte umgehend einem Tierarzt vorgestellt werden.

Notfall Unterzuckerung

Leider kann es immer passieren, dass versehentlich zu viel Insulin injiziert wird oder Ihre Katze nicht mehr die errechnete Dosis benötigt. Sollte Ihre diabetische Katze einige Stunden nach der Insulininjektion anfangen zu schwanken, in den Hinterläufen zusammenbrechen, sich übergeben oder taumelnd umherlaufen, liegt höchstwahrscheinlich eine Unterzuckerung vor. Träufeln Sie ihr dann unverzüglich eine Traubenzuckerlösung ins Maul und bringen Sie sie sofort zum Tierarzt.

Um bei unterschiedlichen Messgeräten die Werte vergleichen zu können, kann man die Werte umrechnen. Die exakte Formel brauchen Sie nicht zu kennen; es genügt, wenn Sie für die Umrechnung von mmol/l in mg/dl die Zahl mit 18 multiplizieren oder andersherum die Zahl von mg/dl durch 18 teilen, um die Einheit mmol/l zu erhalten.

Schilddrüsenüberfunktion

Die Schilddrüsenüberfunktion (Hyperthyreose) wird als Syndrom definiert, bei dem durch eine erhöhte Konzentration zirkulierender Schilddrüsenhormone im Blut eine gesteigerte Wirkung auf zahlreiche Funktionen des

Stoffwechsels und der Organe hervorgerufen wird. Bei gesunden Katzen ist die Schilddrüse nicht tastbar, deswegen ist es ungemein wichtig, dass der Tierarzt insbesondere bei älteren Katzen den Bereich der Schilddrüse gründlich abtastet. Fühlbare Umfangsvermehrungen sind verdächtig, doch auch ohne jeden Tastbefund kann eine Schilddrüsenüberfunktion vorliegen.

Ursachen

Bei fast allen Katzen mit einer Schilddrüsenüberfunktion liegt ein Adenom, ein gutartiger Tumor des Drüsengewebes, vor; bösartige Schilddrüsentumoren sind bei Katzen, anders als beim Hund, extrem selten. Was zur Bildung eines Adenoms führt, ist bislang nicht eindeutig geklärt. Es gibt viele Studien und Mutmaßungen; einige Autoren wissenschaftlicher Publikationen sehen einen Zusammenhang zur Gabe von Dosenfutter oder auch in der Verwendung bestimmter Katzenstreu. Andere Forscher vermuten Zusammenhänge mit Kastrationen und Impfungen, modernen Anästhetika oder sogar mit dem Reaktorunfall in Tschernobyl im April 1986. Wie bereits erwähnt: Es gibt keine gesicherten Hinweise auf die Ursachen der Hyperthyreose bei unseren Hauskatzen, sodass auch keine Empfehlungen hinsichtlich der Vorbeugung gegeben werden können.

Symptome

Da die Schilddrüsenhormone nahezu alle Organe und Stoffwechselfunktionen beeinflussen, sind die Symptome entsprechend vielfältig. Typisch sind Gewichtsverlust bei gleichzeitig gesteigertem Appetit, Hyperaktivität, Herzrasen, vermehrter Durst und vermehrter Urinabsatz, Erbrechen, Herzgeräusche, schnelle Atmung und Mundatmung.

Diagnose

Die Messung der Schilddrüsenhormone im Blut ist die wichtigste Untersuchung zum Erkennen einer Schilddrüsenüberfunktion. Bei vielen Katzen deuten die typischen Symptome bereits auf eine Erkrankung hin, letztendlich gibt aber nur der Bluttest Gewissheit. Durch das Abtasten der Schilddrüse kann beim Vorliegen tastbarer Veränderungen vorab ein Verdacht geäußert werden, bei vielen erkrankten Katzen erscheint die Schilddrüse aber normal. Bei den meisten Tierärzten kann der Bluttest bereits in der Praxis durchgeführt werden, sodass das Ergebnis innerhalb weniger Minuten vorliegt.

Therapie

Für die Behandlung der Schilddrüsenüberfunktion gibt es drei Möglichkeiten:

1. Medikamentöse Behandlung
2. Anwendung von radioaktivem Jod
3. Entfernen des betroffenen Schilddrüsenanteils

Die meisten erkrankten Katzen können mit Tabletten gut und über längere Zeit sicher therapiert werden. Im Einzelfall können jedoch die beiden anderen Methoden für die Katze sinnvoller sein.

Die Entfernung des betroffenen Schilddrüsenanteils (Thyreoidektomie) ist sicherlich die effektivste Methode zur Normalisierung der Schilddrüsenfunktion. Diese Methode birgt aber eine Reihe von Gefahren. Meist sind Katzen mit einer Schilddrüsenüberfunktion mit weiteren gesundheitlichen Problemen belastet, wie Herzinsuffizienz, Herzrasen, Abmagerung, Bluthochdruck und Niereninsuffizienz. Vor einer Operation muss der Schilddrüsenwert mit Tabletten weitgehend in den

Normbereich gebracht werden. Aber auch nach der Operation können noch Komplikationen auftreten, zum Beispiel dann, wenn der Tumor nicht vollständig entfernt wurde oder versehentlich zusätzlich die Nebenschilddrüse entfernt wurde. Ihr Tierarzt wird Sie über die Risiken aufklären und gemeinsam mit Ihnen abwägen, welche Therapie für Ihre Katze die beste ist.

Die Behandlung mit radioaktivem Jod darf nur in speziellen tiermedizinischen Einrichtungen erfolgen, zum Beispiel in der Justus-Liebig-Universität Gießen. Zehn Tage vor der Therapie müssen die Medikamente zur Behandlung der Schilddrüsenüberfunktion abgesetzt werden. Die Katze muss stationär aufgenommen werden und je nach Therapieverlauf ein bis zwei Wochen in der Klinik bleiben. Das radioaktive Jod wird über eine Vene injiziert, reichert sich im veränderten Schilddrüsenbereich an und zerstört es. Gesundes Schilddrüsengewebe bleibt weitestgehend verschont. Aufgrund der radioaktiven Reststrahlung dürfen therapierte Katzen vier Wochen nach der Therapie nicht nach draußen und es müssen bestimmte Sicherheitsregeln eingehalten werden. In fast allen Fällen ist eine Heilung erreichbar, selten kann jedoch eine therapiebedürftige Schilddrüsenunterfunktion (Hypothyreose) auftreten.

Medikamente zur Therapie der Schilddrüsenüberfunktion, sogenannte Thyreostatika, werden von vielen Tierärzten gegenüber den beiden anderen Behandlungsmöglichkeiten bevorzugt, da sie einige wesentliche Vorteile besitzen: Die Wirkung der Tabletten – eine Hemmung der Hormonbildung – ist durch die Dosierung beeinflussbar, eine kostspielige Operation sowie die Gabe radioaktiver Substanzen werden vermieden. Die Tabletten müssen als Ganzes von der Katze verschluckt werden, da andernfalls der Wirkstoff von der Magensäure zersetzt würde. Dies stellt in vielen Fällen ein Ausschlusskriterium für die medikamentöse Therapie dar, wenn die Katze die Tabletteneinnahme verweigert. Außerdem ist zu beachten, dass auch die Tabletten Nebenwirkungen wie Erbrechen, Appetitmangel oder Apathie haben können. Welcher Therapieweg auch immer eingeschlagen wird: In allen Fällen muss die Katze zumindest zeitweise die Tabletten bekommen, da andernfalls nicht operiert oder die Radiojodtherapie begonnen werden kann.

Vorsicht, Nierenschwäche!

Die Schilddrüsenüberfunktion kann eine leichte Niereninsuffizienz verbergen – das heißt, dass nur durch den vorhandenen Bluthochdruck die Funktion der Nieren aufrechterhalten wird. Beginnt man mit der Therapie der Schilddrüse, sinkt der Blutdruck und die Nieren werden in ihrer Filterfunktion eingeschränkt. Spätestens vier Wochen nach Beginn der Tablettengabe müssen deshalb sowohl der Schilddrüsenwert als auch die Nierenwerte im Blut kontrolliert werden.

Prognose

Die Aussicht auf eine gesundheitliche Verbesserung ist abhängig von der Wahl der Therapie, der Ansprechbarkeit der Schilddrüse auf die Behandlung, der Toleranz der Katze und dem Bemühen des Katzenhalters. Während manche Katzen über Jahre erfolgreich mit Tabletten behandelt werden können, funktioniert dies bei anderen gar nicht. Ihr Gesundheitszustand verschlechtert sich zusehends und sie müssen erlöst werden.

Niereninsuffizienz

Im Gegensatz zur akuten Niereninsuffizienz, die sich zum Beispiel als Folge schwerer Entzündungen innerhalb von Stunden bis wenigen Tagen entwickeln kann, zeigt die bei älteren Katzen ab sieben Jahren vermehrt auftretende chronische Erkrankungsform der Nieren einen sehr langsamen Verlauf. Bei den meisten Katzen bleibt sie über Jahre unbemerkt, weil auch erkrankte Nieren ihre Funktionen noch lange gut erfüllen können.

Ursachen

Der häufigste Auslöser ist eine Entzündung des Nierengewebes. Nicht immer ist eine Ursache dafür zu finden; infrage kommen bakterielle und virale Infektionen, Tumoren sowie Autoimmunerkrankungen, Gifte und eine Vielzahl von Arzneimitteln. Unabhängig davon, ob eine Ursache feststellbar ist oder nicht, handelt es sich bei der chronischen Niereninsuffizienz leider um eine sich zusehends verschlimmernde Erkrankung.

Symptome

Durch den schleichenden Verlauf werden die anfänglichen Symptome häufig übersehen oder dem Alterungsprozess zugeschrieben. Folgende Symptome können einen Hinweis auf eine Niereninsuffizienz geben: Teilnahmslosigkeit, glanzloses, struppiges Fell, Zahnfleischentzündung, vermehrte Wasseraufnahme, verminderte Nahrungsaufnahme, gesteigerter Harnabsatz, Mundgeruch, Speicheln, Erbrechen, Durchfall oder sehr fester Kot.

Katzen mit einer schweren Niereninsuffizienz wirken oft teilnahmslos und krank.

Diagnose

Erst durch eine Reihe von Untersuchungen kann das ganze Ausmaß der Erkrankung erkannt werden.

- **Urinuntersuchung:** Das Protein-Kreatinin-Verhältnis im Urin ist ein verlässlicher Indikator zur Früherkennung einer Nierenerkrankung, noch bevor Veränderungen im Blutbild zu erkennen sind. Das spezifische Gewicht des Urins zeigt an, inwieweit die Nieren in der Lage sind, den Harn zu konzentrieren. Sinkt dieser Wert unter eine bestimmte Grenze, liegt eine Nierenschädigung vor. Bringen Sie also, falls möglich, dem Tierarzt eine Urinprobe mit.

- **Röntgen:** Röntgenbilder geben Aufschluss über die Größe und Lage der Nieren. Auch die selten vorkommenden Nierensteine, die aufgrund einer Entzündungsreaktion zur Niereninsuffizienz führen können, sind erkennbar. Ihre Entfernung ist allerdings schwierig. Die Nierenfunktion kann im Röntgenbild nicht beurteilt werden.

- **Ultraschall:** Die Ultraschalluntersuchung erlaubt im Gegensatz zur Röntgenaufnahme einen Blick in die Nieren hinein. So lassen sich auch Nierenzysten, Gewebeveränderungen, Harnstauungen sowie Tumoren gut erkennen.

- **Blutuntersuchung:** Das Blutbild einer nierenkranken Katze weist typische Veränderungen auf. Bei einer fortgeschrittenen Niereninsuffizienz kann es zusätzlich zur Blutarmut kommen, da von den Nieren auch Hormone ausgeschüttet werden, die für die Bildung der roten Blutkörperchen wichtig sind.

- **Nierenfunktionstest:** Die sicherste Methode zur Überprüfung der Nierenfunktion ist die Bestimmung der sogenannten glomerulären Filtrationsrate. Sie ist bei der chronischen Niereninsuffizienz vermindert, noch bevor es zu auffälligen Blutbefunden kommt. Bei diesem Test werden Substanzen in die Vene injiziert, die ausschließlich über die Nieren ausgeschieden werden. Nach der Injektion werden in vorgegebenen Abständen die Konzentrationen der Substanz im Blut gemessen. Man erhält so einen sehr guten Überblick über die Filterfunktion der Nieren.

Therapie

Die wichtigsten Fragen für den betroffenen Katzenhalter nach der Diagnose sind: Wie kann ich meiner Katze helfen? Gibt es eine Heilungschance? Wie lange kann die Katze mit der Erkrankung noch leben? Die chronische Niereninsuffizienz ist leider unheilbar. Je frühzeitiger man die Erkrankung erkennt, desto höher ist jedoch die Wahrscheinlichkeit, dass der voranschreitende Prozess des Nierengewebsuntergangs und damit der Krankheitsverlauf verzögert werden kann.

Über die Nahrung muss versucht werden, die Menge der Substanzen zu reduzieren, die über den Urin ausgeschieden werden müssen. Dazu zählen alle Stickstoffverbindungen und Phosphat. Gleichzeitig sollte das Katzenfutter mit Kalium und Magnesium angereichert sein. Viele betroffene Katzen verweigern jedoch ihre Nierendiät, obwohl in den letzten Jahren viele neue Sorten mit unterschiedlichen Geschmacksrichtungen auf den Markt gekommen sind. Nierenkranke Katzen haben meist nur wenig Appetit; es kann aber versucht werden, die Akzeptanz des Futters durch Erwärmen zu erhöhen. Prinzipiell sollten Katzen nicht abrupt auf ein neues Futter umgestellt werden, sondern in einem Zeitraum von einigen Wochen nach und nach auf die Nierendiät durch Untermischen unter das herkömmliche Futter herangeführt werden.

Zur Phosphatreduktion gibt es Futterzusätze, die das in der Nahrung vorhandene Phosphat binden. Auch homöopathisch gibt es gute Ansätze, die Nieren langfristig ohne Nebenwirkungen zu entlasten.

Behandlung der Begleiterkrankungen
Die Nierenfunktion hat Einfluss auf viele Bereiche des Organismus, sodass es bei chronischer Niereninsuffizienz meist zu einigen weiteren Krankheitsbildern kommt. Dazu gehören Austrocknung, Bluthochdruck (siehe Seite 52) und Blutarmut.

Zur Blutarmut kommt es, weil aufgrund der Minderleistung der Nieren ein Mangel des in der Niere gebildeten Hormons Erythropoetin entsteht. Dieses Hormon ist wichtig für die Bildung der roten Blutkörperchen (Erythrozyten). Durch Injektionen von Erythropoetin kann das Knochenmark wieder zur Bildung roter Blutzellen angeregt werden; parallel dazu sollte immer ein Eisenzusatz über das Futter verabreicht werden. Ein Großteil der Katzen bildet jedoch Antikörper gegen das injizierte Erythropoetin und die Behandlung muss abgebrochen werden. Die Hormonbehandlung führt außerdem oft zu einem Anstieg des Blutdrucks, was wiederum absolut nicht gewünscht ist.

Im Zuge der Erkrankung kann es außerdem zu einer Entzündung der Magen- und Darmschleimhäute kommen, die mit Übelkeit, Erbrechen und Durchfall einhergeht. Zur Therapie werden Mittel gegen Übelkeit, Magensäureblocker und Medikamente zum Schutz der Schleimhaut eingesetzt.

Nierentransplantation und Dialyse

Wenn die Nieren nicht mehr funktionieren, besteht beim Menschen die Möglichkeit der Dialyse sowie einer Nierentransplantation. Bei der Katze ist aufgrund der Kosten und des hohen Aufwands keine Dialyse durchführbar. Eine Nierentransplantation ist in Deutschland durch das Tierschutzgesetz verboten. In den USA werden Nierentransplantationen für die Katze angeboten. Dafür ist eine gesunde Spenderkatze nötig, der man eine Niere entnimmt. Der Katzenhalter verpflichtet sich, die Spenderkatze, die meist aus dem Tierheim stammt, bei sich aufzunehmen und zu pflegen.

Herzinsuffizienz

Die Herzinsuffizienz ist eine Herzschwäche; die Herzleistung reicht nicht mehr aus, um das Blut problemlos durch den Körper zu pumpen, sodass es früher oder später zu lebensbedrohlichen Symptomen kommt.

Herzerkrankungen der Katze werden oft nur zufällig im Rahmen einer Routineuntersuchung oder der Impfung festgestellt. Bitten Sie Ihren Tierarzt immer, das Herz abzuhören. Nur so kann eine Erkrankung rechtzeitig festgestellt und therapiert werden. Wer glaubt, Herzerkrankungen kämen bei älteren Katzen nicht häufig vor, irrt. Zwar sinkt mit dem Alter das Risiko für die sogenannten primären Herzerkrankungen, die also zum Beispiel aufgrund eines Gendefekts vererbt wurden; dafür nehmen aber die sekundären Herzerkrankungen zu. Bei diesen ist die Ursache des Herzproblems zum Beispiel in einer Niereninsuffizienz oder Schilddrüsenüberfunktion zu suchen, die sich negativ auf die Herzfunktion auswirkt. Die häufigste zur Herzinsuffizienz führende Herzerkrankung der Katze ist die Hypertrophe Kardiomyopathie (HKM).

Im Alter ist es normal, dass die Schlafphasen der Katze deutlich länger werden; es kann aber auch eine Erkrankung dahinterstecken.

Ursachen

Bei der Hypertrophen Kardiomyopathie kommt es zu einer Vergrößerung des Herzmuskels, die dadurch entsteht, dass das Herz zum Beispiel aufgrund einer Schilddrüsen- oder Nierenerkrankung gegen einen höheren Blutdruck anarbeiten muss. Die Verdickung kann nur kleinere Bereiche des Herzmuskels betreffen, aber auch das gesamte Herz. Es kommt zur Einengung der Herzkammern, sodass nicht mehr ausreichend Blut weitergepumpt werden kann. Daraus entwickelt sich ein Rückstau des Blutes meist in den linken Vorhof des Herzens und in die Lunge. Die Ansammlung von Flüssigkeit in der Lunge als Lungenödem ist die Folge.

Symptome

Deutliche Symptome treten meist erst dann auf, wenn die Herzerkrankung schon weit fortgeschritten ist. Spätestens dann ist es höchste Zeit, einen Tierarzt aufzusuchen, der sich mit der Diagnostik und Therapie der Herzinsuffizienz auskennt. Die Problematik kann sich ohne Therapie rapide verschärfen, sodass der Verdacht einer Herzproblematik immer als Notfall zu behandeln ist.

Folgende Symptome sind möglich: Appetitlosigkeit, erhöhtes Ruhebedürfnis, nachlassende Spielfreude, schnelle Atmung, Atmung mit offenem Mund, dicker Bauch (aufgrund von Wasseransammlung), bläuliche Schleimhäute, Husten, Lähmungen der Hinterhand. Bei Men-

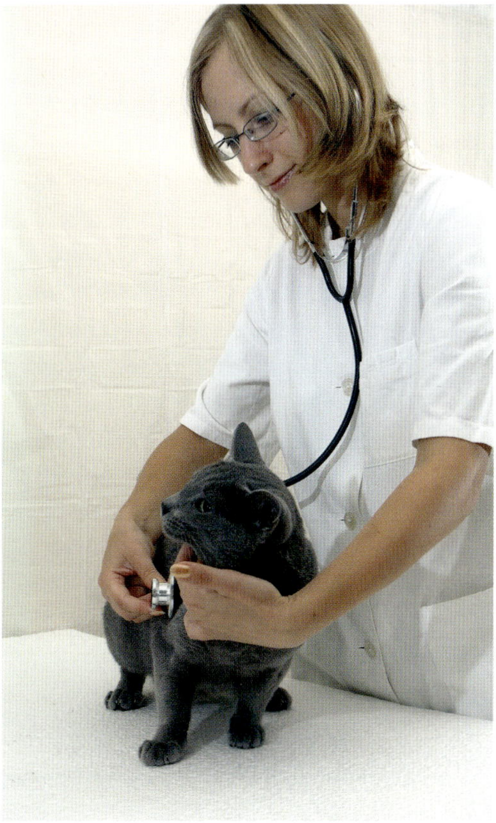

Bei älteren Katzen sollten bei jedem Tierarztbesuch die Herztöne mit dem Stethoskop kontrolliert werden.

schen und Hunden ist Husten oft ein erstes Zeichen für eine Herzerkrankung. Die Katze hustet bei Problemen des Herzens äußerst selten. In einigen Fällen zeigen sich schwer erkrankte Katzen sogar völlig symptomlos.

Diagnose

Bei älteren Katzen wird meist im Rahmen einer Routineuntersuchung ein verdächtiges Herzgeräusch festgestellt. Ob dann bei einer augenscheinlich gesunden Katze alle Möglichkeiten der Diagnostik ausgeschöpft werden müssen, ist im Einzelfall abzuwägen, eine gründliche Allgemeinuntersuchung ist aber immer notwendig. Bei vielen Katzensenioren liegen Herzgeräusche aufgrund von Herzklappenveränderungen vor, die jedoch niemals zu einem bedrohlichen Herzproblem führen werden. Andererseits gibt es auch viele erkrankte Katzen, deren Herz beim Abhören völlig normal klingt.

Warum kommt es zu Lähmungen bei Herzproblemen?

Lähmungen der Hinterhand können bei herzkranken Katzen dann auftreten, wenn sich ein Blutgerinnsel aus dem Herzen löst, in die Hauptschlagader gelangt und sich dann in dem Blutgefäß festsetzt, das im Beckenbereich für die Blutversorgung der Hintergliedmaßen sorgt. Diese sogenannte Aortenthrombose führt zu typischen Symptomen: Nachziehen der Hintergliedmaßen und lautes, wehklagendes Schreien. Die Symptome können innerhalb von Sekunden auftreten. Im weiteren Verlauf kommt es durch den fehlenden oder verminderten Blutfluss zur Abkühlung der Hintergliedmaßen. Bei vollständigem Verschluss der Blutgefäße kann das Gewebe der Beine absterben. Eine zufriedenstellende Therapie ist in den meisten Fällen nicht möglich, da weder das Gerinnsel vollständig entfernt noch das eigentliche Herzproblem beseitigt werden kann. Inwieweit der betroffenen Katze eine blutverdünnende und herzentlastende Therapie zugemutet werden kann und soll, ist im Einzelfall mit dem Tierarzt zu besprechen.

Liegen jedoch bereits Krankheitsanzeichen vor, sollte dringend eine Herzuntersuchung mit Ultraschall und Röntgen erfolgen. Entscheidend ist auch, eine mögliche zugrunde liegende Erkrankung zu erkennen, denn nur wenn diese therapiert wird, kann auch die Herzerkrankung erfolgreich behandelt werden. Gerade bei älteren Katzen stehen am Anfang der Abklärung einer Herzproblematik die Blutuntersuchung, die insbesondere Nieren-, Leber- und Schilddrüsenwerte umfassen sollte, sowie die Messung des Blutdrucks.

Therapie

Die Behandlung der Herzinsuffizienz hat das Ziel, das Voranschreiten der Erkrankung zu stoppen oder zumindest zu verlangsamen, das Wohlbefinden der Katze zu steigern und ihre Überlebenszeit zu verlängern.

Bei ursächlichen internistischen Erkrankungen müssen diese therapiert werden (siehe auch Niereninsuffizienz ab Seite 41, Bluthochdruck ab Seite 52, Schilddrüsenüberfunktion ab Seite 38).

Bei einer bestehenden Hypertrophie des Herzens wird mit der medikamentösen Therapie meist erst dann begonnen, wenn auffällige Symptome vorliegen. Dann steht eine Reihe von Präparaten zur Verfügung, die je nach Symptom eingesetzt werden müssen. Eine einmal begonnene Herztherapie muss in den meisten Fällen lebenslang beibehalten werden.

Prognose

Katzen mit einer hochgradigen Hypertrophie haben trotz der Verabreichung herzentlastender Medikamente eine deutlich verringerte Lebenserwartung. Diese hängt außerdem wesentlich davon ab, wie erfolgreich die zugrunde liegenden Erkrankungen therapiert werden können.

Bauchspeicheldrüsenentzündung

Die Bauchspeicheldrüse liegt im vorderen Bauchabschnitt und gibt Verdauungsenzyme in den Dünndarm ab. Aber auch Hormone, wie zum Beispiel das Insulin, werden von ihr gebildet. Die akute Bauchspeicheldrüsenentzündung ist lebensbedrohlich und bedarf dringender und sofortiger tierärztlicher Versorgung. Viel häufiger als der akute Verlauf ist bei der älteren Katze die chronische Verlaufsform. Sie gehört neben der Schilddrüsenüberfunktion zu den häufigsten Erkrankungen bei Katzensenioren.

Ursachen

Die Ursachen sind weitestgehend unbekannt. Prophylaktische Maßnahmen sind leider nicht möglich.

Symptome

Die meisten Katzenhalter berichten von häufigem Erbrechen, Appetitlosigkeit und Gewichtsverlust ihrer Katze, ohne dass der Allgemeinzustand beeinträchtigt erscheint. Diese Symptome können auf eine Vielzahl von Erkrankungen hinweisen, jedoch muss bei der älteren Katze immer an die Bauchspeicheldrüse gedacht werden.

Diagnose

Ein Blutschnelltest weist bestimmte Enzyme nach, deren Werte bei einer Bauchspeicheldrüsenentzündung erhöht sind, und kann so innerhalb weniger Minuten zu einer sicheren Diagnose führen.

Mithilfe der Ultraschalluntersuchung kann die Bauchspeicheldrüse in ihrer Form und Struktur beurteilt werden. Bei den meisten Katzen mit einem auffälligen Blutbefund zeigen sich auch im Ultraschall sichtbare

Veränderungen, die auf eine Entzündung hindeuten.

Therapie

Fast alle Katzen können mithilfe von entzündungshemmenden Medikamenten gut eingestellt werden. Es gibt verschiedene Präparate, die entweder täglich verabreicht oder sogar nur alle paar Wochen oder Monate injiziert werden müssen. Sobald jedoch die Wirkung nachlässt, kommen die Symptome erneut zum Vorschein. Der Großteil der an der chronischen Bauchspeicheldrüsenentzündung leidenden Katzen benötigt eine lebenslange Therapie.

Prognose

Wenn die chronische Verlaufsform in eine akute Phase übergeht, kommt es zu einer lebensbedrohlichen Erkrankung, die intensiv therapiert werden muss. Auch die Insulinproduktion kann unter der chronischen Bauchspeicheldrüsenentzündung zum Erliegen kommen, und ein Diabetes mellitus (siehe Seite 30) entsteht. Die meisten Katzen können jedoch nach der gestellten Diagnose und der dauerhaften Gabe von Medikamenten gut und glücklich damit leben.

Tumorerkrankungen

Es gibt eine Vielzahl von Organen, an denen bei der Katze Tumoren entstehen können. Häufig werden Tumoren unter der Haut gesehen, die Fibrosarkome. Im Mund sind Plattenepithelkarzinome nicht selten, und bei der weiblichen Katze sind Gesäugetumoren verhältnismäßig oft anzutreffen.

Wird ein Tumor festgestellt, sollten vor Beginn der Therapie immer folgende Fragen mit dem Tierarzt besprochen werden:

Ist der Tumor gutartig oder bösartig?

Bei vielen Tumoren kann anhand der Lokalisation bereits eine Aussage über das Risiko der Metastasenbildung getroffen werden. Bei anderen muss zunächst eine Punktion des Tumors erfolgen, um die Gewebeprobe auf Gut- oder Bösartigkeit zu überprüfen. Handelt es sich um einen bösartigen, also metastasierenden Tumor, muss vor einer Operation überprüft werden, ob Metastasen im Körper vorhanden sind oder nicht. Liegen diese bereits vor, ist auf die Operation zu verzichten. Trotz immer genauerer Untersuchungsmethoden können Metastasen nicht immer entdeckt werden.

Ist der Tumor vollständig zu entfernen?

Insbesondere Tumoren des Rückens, des Mundes und des Gehirns sind häufig nur vollständig zu entfernen, wenn dabei größere, lebenswichtige Gewebeverbände großflächig entfernt werden können. Was macht es für einen Sinn, einen Knochentumor der Wirbelsäule zu entfernen, wenn die Katze anschließend querschnittsgelähmt ist? Kann die Katze noch Nahrung aufnehmen, wenn man ihr aufgrund eines Plattenepithelkarzinoms der Mundhöhle den halben Oberkiefer wegschneidet? Ist es die Entfernung eines Gehirntumors wert, dass die Katze danach geistig umnachtet umherirrt? Unvollständig entfernte Tumoren wachsen nach und können nach relativ kurzer Zeit erneut Probleme verursachen.

Wird die Katze einen operativen Eingriff gut überstehen?

Das ist meist erst hinterher zu beurteilen. Wenn jedoch von Ihnen und dem Tierarzt die Entscheidung zur Operation getroffen wird, sollte dem Operationserfolg kein größeres medizinisches Problem entgegenstehen. Durch Untersuchungen wie Röntgen, Ultraschall oder durch die Überprüfung der Blutwerte kann das Narkoserisiko gut abgeschätzt werden.

Wird die Katze sich nach der Operation in der Heilungsphase quälen?
Auch einer Katze können nach jeder Art von Operation die Schmerzen weitestgehend genommen werden. Katzen erholen sich im Vergleich zum Menschen deutlich besser und schneller von chirurgischen Eingriffen, sodass hier keine Bedenken bestehen sollten.

Eine Frage der Abwägung

Sollte man einer 17-jährigen Katze eine aufwendige Gesäugeoperation zumuten? In welchem Verhältnis steht der Aufwand zum möglichen Wohlbefinden der Katze? Ist es am Ende mehr Quälerei? Entscheiden wir uns vielleicht nur für eine Operation, weil wir nicht loslassen können? Viele Fragen entstehen, wenn eine solche Entscheidung getroffen werden muss. Bei den meisten Katzenhaltern steht die Angst im Vordergrund, etwas für die Katze entscheiden zu müssen, was am Ende nicht gut für sie ist. Besprechen Sie Ihre Sorgen und Ängste mit Ihrem Tierarzt. Nur so kann für die Katze die optimale Lösung gefunden werden. Wenn Sie das Gefühl haben, nicht 100 Prozent sicher zu sein, das Richtige zu tun, lassen Sie sich die Untersuchungsergebnisse und Befunde von Ihrem Tierarzt geben und holen sich eine Zweit- oder auch Drittmeinung von einem anderen Tierarzt ein. Jeder Tierarzt sollte Verständnis dafür haben.

Soll ich meiner Katze eine Chemotherapie zumuten?
Die Dosis einer Chemotherapie wird bei Katzen so bemessen, dass es nicht zu Nebenwirkungen wie Erbrechen, Durchfall, Depression oder Inappetenz kommt. Aus diesem Grund werden allerdings die meisten Tumoren auch nach einiger Zeit wiederkommen, da die Dosis für eine vollständige Beseitigung der Tumorzellen nicht ausgereicht hat. Je nach Tumorart, Größe und Lokalisation sollte eine Chemotherapie immer zum Wohl der Katze abgewogen werden. Viele Katzenhalter sind sich leider erst hinterher im Klaren darüber, dass man es seiner Katze doch besser hätte ersparen sollen. Hier ist das Gespräch mit dem Tierarzt vorab ungemein wichtig.

Wie sieht es mit Bestrahlungen aus?
Bestrahlungen können bei der Katze nur in Narkose durchgeführt werden. Auch hier gilt: Besprechen Sie mit dem behandelnden Tierarzt alle für die Katze entstehenden Nachteile und wägen Sie ab, ob die Belastung das Ergebnis rechtfertigt.

Wäre es nicht besser, man würde den Tumor in Ruhe lassen, bis es nicht mehr geht, und die Katze dann erlösen?
Diese Einstellung stellt in vielen Fällen die beste Lösung für die Katze dar. Insbesondere bei Tumoren, die bereits Metastasen gebildet haben oder nicht vollständig zu entfernen sind, sollte eine solche Entscheidung getroffen werden. Durch Schmerzmittel und Entzündungshemmer kann bei vielen Katzen der Zeitpunkt der Einschläferung deutlich hinausgezögert werden.

Ein Blick ins Maul der Katze gehört zu jeder tierärztlichen Routineuntersuchung.

Zahnerkrankungen

Erkrankungen der Zähne, des Zahnfleischs und des Zahnhalteapparats gehören bei der älteren Katze zu den häufigsten Vorstellungsgründen beim Tierarzt. Die Ursachen hierfür sind vielfältig. Ein entscheidender Faktor ist, dass ein Großteil der Katzen an FORL (Feline Odontoklastische Resorptive Läsionen, siehe rechts) erkranken, ohne dass Mensch oder Katze irgendetwas dagegen unternehmen könnten. Des Weiteren wirken die beengten Verhältnisse in der Mundhöhle begünstigend für Entzündungen: 30 Zähne stehen auf engstem Raum dicht an dicht, der Speichel kann seine reinigende Funktion nur bedingt erfüllen, da die meisten Zähne nicht gründlich umspült und somit gereinigt werden können.

Ursachen

- **Zahnstein:** Als Zahnstein bezeichnet man feste Beläge, die durch die Einlagerung von Mineralien aus dem Speichel auf dem Zahn entstehen. Würde man seiner Katze jeden Tag die Zähne gründlich putzen, könnte Zahnstein wirksam verhindert werden. Zahnstein an sich ist nicht schädlich, jedoch führen die auf ihm festsitzenden Bakterien nicht nur zu einem unangenehmen Mundgeruch, sondern auch zu Entzündungen des Zahnfleischs und Zahnhalteapparats.

- **FORL:** Auch durch noch so gründliche Mundhygiene nicht beeinflussbar ist die Erkrankung FORL (Feline Odontoklastische Resorptive Läsionen). Es kommt

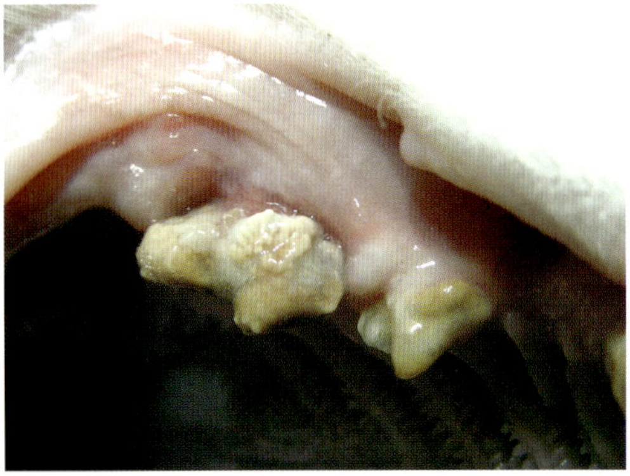

Schlimmer geht es kaum: Der ausgeprägte Zahnstein bedeckt in einer dicken Schicht die Zähne.

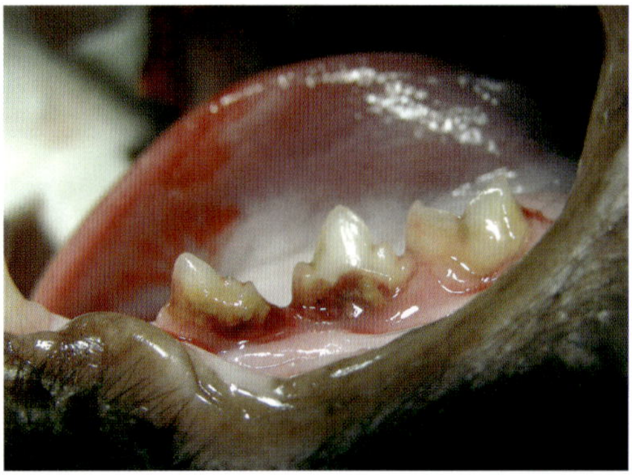

Bei dieser Katze hat die FORL zu hochgradigen Zahnschmelzdefekten an den unteren Backenzähnen geführt.

zu einer Auflösung der Zahnhartsubstanz, wobei die Erkrankung im Bereich der Zahnwurzel beginnt und sich dann in Richtung Zahnkrone ausbreitet. Der erkrankte Zahn sieht löchrig oder abgebrochen aus. In vielen Fällen brechen die Zähne vollständig oberhalb des Zahnfleischs ab, zurück bleibt eine rötliche Erhebung der Schleimhaut. Die FORL ist eine äußerst schmerzhafte Erkrankung, die bei bis zu 50 Prozent aller Katzen ab fünf Jahren beobachtet werden kann. Die Ursachen sind weitestgehend unbekannt, die Therapie ist dagegen klar: Alle befallenen Zähne müssen gezogen werden.

- **Parodontitis:** Die Parodontitis ist eine bakteriell bedingte Entzündung, die sich in einer Zerstörung des Zahnhalteapparats niederschlägt. Die Bakterien, die auf dem Zahnstein sitzen, breiten sich weiter in Richtung Wurzel aus. Dabei kommt es zur Lockerung der Zähne und zum Abbau von Kieferknochen. Genauso wie die FORL ist auch die Parodontitis für die Katze sehr schmerzhaft und die betroffenen Zähne müssen gezogen werden.

Symptome

Katzen neigen dazu, Krankheitssymptome zu unterdrücken. Es ist also für den Außen-

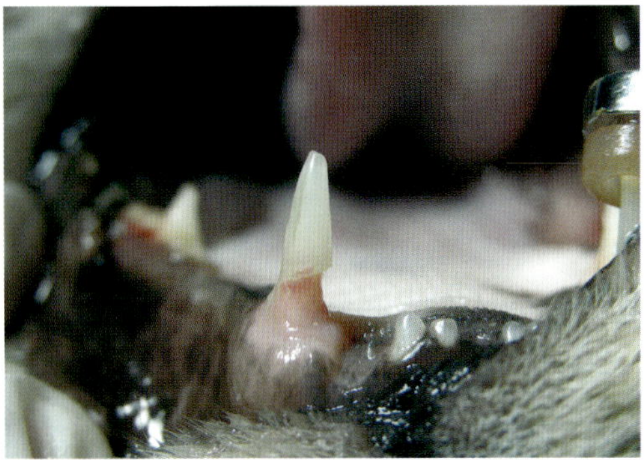

Typischer Befund bei FORL: Der Zahnschmelz des Eckzahns ist zur Hälfte verschwunden.

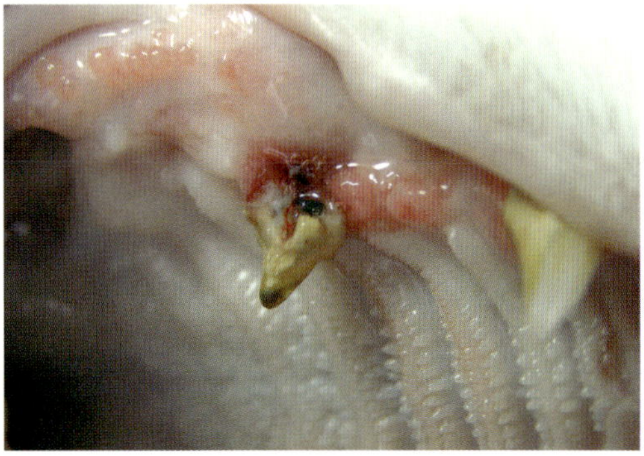

Man braucht nicht viel Fantasie, um sich vorzustellen, wie schmerzhaft so etwas ist.

stehenden oft nicht möglich, anhand etwaiger vorhandener Symptome auf das Ausmaß der Erkrankung zu schließen. Kaum eine Katze lässt sich gern in den Mund schauen. So sind viele Katzenhalter verwundert, wenn beim Tierarzt das Ausmaß einer Zahnerkrankung zum Vorschein kommt. „Warum habe ich das übersehen? Warum hat die Katze sich das nicht anmerken lassen?", sind häufig gestellte Fragen. Selbst wer einen kurzen Blick in die Mundhöhle seiner gähnenden Katze werfen kann, wird auch bei hochgradig krankhaften Prozessen nur die Spitze des Eisbergs erkennen. Gerade bei der Zahngesundheit wird die Wichtigkeit und Notwendigkeit des regelmäßigen Tierarztbesuchs augenscheinlich. Symptome, die im Zusammenhang mit Erkrankungen in der Mundhöhle auftreten können, sind: Mundgeruch, Speichelfluss, Futter fällt aus dem Mund, Kratzen am Mund, Schmatzen, Schräghalten des Kopfes beim Kauen.

Therapie

Auch alte Katzen brauchen gute Zähne! „Meine Katze ist schon alt, da machen wir nichts mehr an den Zähnen." Hinter dieser Aussage steckt die Angst vor der Narkose, die einerseits berechtigt ist. Andererseits: Soll die Katze die letzten Jahre ihres Lebens mit Schmerzen im Mund verbringen? Je älter eine Katze ist, desto wichtiger ist es, dass sie schmerzfrei Nahrung aufnehmen kann. Die chronische Entzündung an den Zähnen, dem Zahnfleisch und dem Zahnhalteapparat kann sich im ungünstigsten Fall auch auf Organe wie Herz, Nieren und Leber auswirken. Die in der Entzündung sitzenden Bakterien werden durch den Blutstrom im ganzen Körper verteilt und können in den genannten Organen zu erheblichen Schäden führen. Das Alter einer Katze sollte kein Ausschlusskriterium für eine Zahnsanierung sein. Ihr Tierarzt wird Sie hinsichtlich eines möglichen erhöhten Narkoserisikos informieren und die für die Katze optimale Lösung finden.

Schönes Leben ohne Zähne

Eine Katze ohne Zähne kann ein genauso lebenswertes Leben führen wie eine Katze mit Zähnen. Wenn das Zahnfleisch wieder abgeheilt ist, können die meisten sogar wieder Trockenfutter essen. Nach einer Zahnbehandlung fühlen sich die meisten Katzen deutlich wohler, die Schmerzen und der unangenehme Geruch sind weg. Erstaunlich ist, dass viele Katzen danach wieder gewohnte Verhaltensmuster an den Tag legen, deren Fehlen vom Katzenhalter auf das Alter geschoben wurde. Nicht alle Verhaltensänderungen sind altersbedingt, viele haben ihre Ursache in schmerzhaften Veränderungen in der Mundhöhle. Unterschätzen Sie nicht die Wirkung der Zähne auf den Gesamtorganismus. Jeder weiß, dass schon ein winziges Loch im Zahn die Laune gründlich verderben kann. Nur weil Katzen sehr selten Schmerzäußerungen von sich geben, heißt das nicht, dass sie keine Schmerzen haben. Gesunde Zähne sind ungemein wichtig für das Wohlbefinden Ihrer Katze. Lassen Sie das Gebiss regelmäßig kontrollieren. Im Rahmen einer Zahnsanierung sollte immer auch ein Blutbild, unter anderem mit Nieren- und Leberwerten, gemacht werden. Nur so kann sicher ausgeschlossen werden, dass die Entzündungen in der Mundhöhle noch keine Auswirkungen auf den Gesamtorganismus hatten.

Katzen mit Bluthochdruck legen manchmal plötzlich ein aggressives Verhalten an den Tag.

Bluthochdruck

Der Bluthochdruck (Hypertonie) ist bei der Katze, anders als beim Menschen, immer ein Symptom und keine eigenständige Erkrankung. In der englischen Literatur wird sie oft als „Silent Killer" (am ehesten zu übersetzen mit „Schleichender Tod") bezeichnet, da die Erkrankung bei der Katze häufig zu spät diagnostiziert wird. Eine fortbestehende Hypertonie kann zur Schädigung von Herz, Nieren und Augen führen.

Ursachen

Als Ursachen für einen Bluthochdruck kommen Diabetes mellitus, Schilddrüsenüberfunktion oder Niereninsuffizienz infrage. Mehr als die Hälfte der nierenkranken Katzen entwickelt Bluthochdruck. Zur Behandlung werden Medikamente mit blutdrucksenkender Wirkung verabreicht, außerdem wird der Natriumgehalt des Futters reduziert.

Symptome

Die Anzeichen für einen erhöhten Blutdruck sind vielfältig. Die meisten Katzen zeigen eine gesteigerte Wasseraufnahme und Nervosität. Weitere mögliche Symptome sind: akute Erblindung, ein- oder beidseitige weite Pupillen, Nasenbluten, Blutungen im Auge, Lähmungen der Hintergliedmaßen, Bewegungsstörungen, Aggressivität, verstärktes Miauen, Inappetenz, Gewichtsverlust.

Diagnose

Mittlerweile hat sich auch in der Tiermedizin die Blutdruckmessung etabliert. Dabei wird mittels einer aufblasbaren Druckmanschette, die am Bein oder Schwanz angelegt wird, der Blutdruck bestimmt. Die meisten Katzen lassen dies entspannt über sich ergehen. Bei Katzen kann der Blutdruck deutlichen Schwankungen unterworfen sein, sodass immer mehrere aufeinanderfolgende Messungen durchgeführt werden sollten.

Therapie

Ziel der Therapie ist die Absenkung des Blutdrucks in einen Bereich, wo es mit einer hohen Wahrscheinlichkeit zu keiner Schädigung von Organen kommen kann. Man vermutet, dass bei Werten unterhalb von 160/100 mm Hg keine Schäden auftreten – sie werden deshalb angestrebt. Bei sehr hohen Ausgangswerten sollte jedoch die Absenkung des Blutdrucks unter Umständen nicht versucht werden, da sich der Gesamtorganismus bereits auf diese Situation eingestellt hat und solche Patienten sonst Herz- und Nierenprobleme bekommen könnten.

Arthrose

Bei der Arthrose handelt es sich um einen Gelenkverschleiß, der durch ein Übermaß an Belastung, durch Gelenkverletzungen und durch Gelenkentzündungen verursacht werden kann. Ist erst einmal ein arthrotischer Prozess in Gang gesetzt, entsteht ein Teufelskreis, der dazu führt, dass der Gelenkknorpel mehr und mehr erkrankt. Um dem entgegenzuwirken, reagiert der Organismus mit der Bildung von knöchernen Auswüchsen am geschädigten Knorpel, die wiederum für weitere Entzündungen verantwortlich sind. Häufig sind Hüft- und Kniegelenke betroffen, aber auch an den Ellenbogen- und Vorderfußwurzelgelenken tritt Arthrose häufig auf. Prinzipiell kann aber jedes Gelenk betroffen sein.

Ursachen

Die Ursache ist immer in einer höheren mechanischen Belastung des Gelenkknorpels zu suchen, sei es durch eine angeborene Fehlstellung von Gelenken, durch Entzündungen oder Überlastungen. Arthrose ist eine typische Alterserkrankung.

Symptome

Arthrosen sind schmerzhaft. Insbesondere nach längeren Ruhephasen fällt das Aufstehen und Gehen schwer. Nach einer kurzen Eingewöhnungsphase hat sich die Katze eingelaufen. Gerade in den Wintermonaten oder bei feuchtkaltem Wetter sind die Schmerzen am deutlichsten zu erkennen. Einige Katzen belecken die schmerzhaften Gelenke oder nagen sogar an ihnen herum. Je nach betroffenem Gelenk kann eine Lahmheit mehr oder weniger ausgeprägt sein. Insbesondere Hüft- und Kniegelenksarthrosen führen häufig zu stark ausgeprägten Lahmheitssymptomen.

Jährlich Blutdruck messen

Würde man bei jeder Katze einmal jährlich im Rahmen der Kontrolluntersuchung den Blutdruck bestimmen, hätte man individuelle Werte zur Verfügung, die als sensible Parameter zur Früherkennung von Erkrankungen herangezogen werden könnten. Was in der Arztpraxis für Menschen zur Routine gehört, stößt bei manchen Katzenhaltern auf Ablehnung, da diese Untersuchung nach der Gebührenordnung für Tierärzte (GOT) in Rechnung gestellt werden muss. Wer jedoch in die Gesundheit seiner Katze jährlich einige wenige Euro investieren möchte, sollte seinen Tierarzt auf die Möglichkeit der Blutdruckmessung ansprechen.

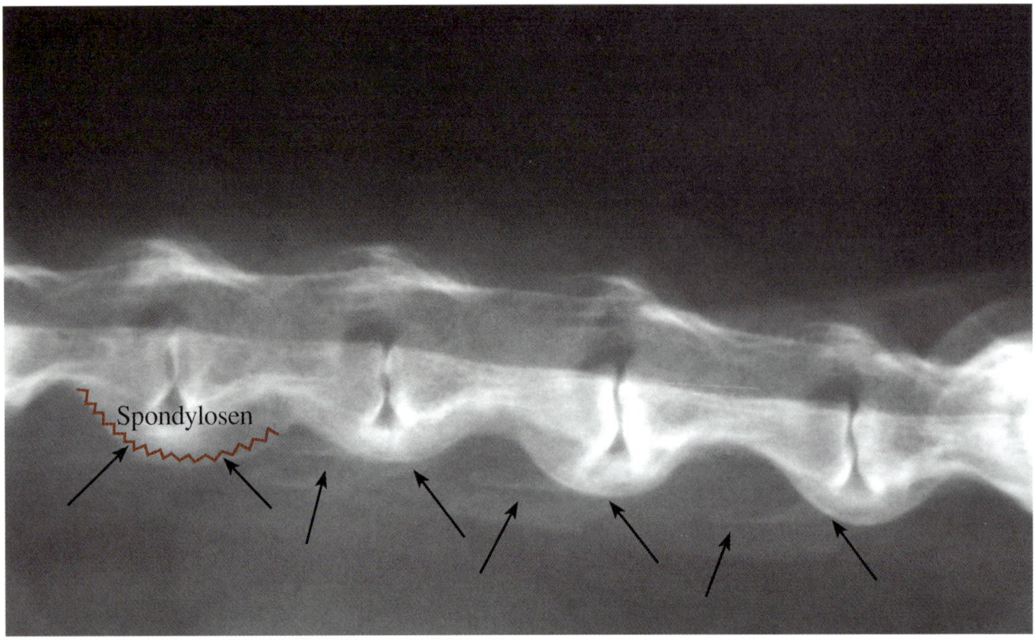

Lendenwirbelsäule einer zwölf Jahre alten Katze mit Spondylosen an jedem Wirbel.

Diagnose

Arthrosen in Gelenken können sich als mikroskopisch kleine Knochenwucherungen darstellen, die auf einer Röntgenaufnahme nicht zu erkennen sind. Weit vorangeschrittene Arthrosen sind jedoch eindrucksvoll im Röntgenbild zu sehen. Eine besonders auffällige Form der Arthrose ist die Spondylose – Knochenaufreibungen an der Unterseite der Wirbelsäule, die zu einer vollständigen Versteifung der Wirbelsäule führen können.

Therapie

Das wichtigste Ziel bei einer Arthrosetherapie ist die Schmerzlinderung für die Katze. Übergewichtige Katzen sollten an Gewicht verlieren, da die Belastung der Gelenke die Arthrose weiter fördert. Vor dem Beginn der schmerz- und entzündungshemmenden Therapie sollte eine Blutuntersuchung erfolgen, um die Nierenfunktion zu überprüfen. Liegt eine Niereninsuffizienz vor, dürfen gängige Präparate zur Schmerzlinderung bei Arthrose nicht gegeben werden. Homöopathische Entzündungshemmer können im Anfangsstadium der Arthrose helfen. Auch mit manchen Futterzusätzen kann man viel erreichen. Bevor Sie auf irgendwelche Werbeversprechen eines Anbieters hereinfallen und Ihrer Katze im schlimmsten Fall kalorienreiche Dickmacher ohne jegliche Wirkung vorsetzen, fragen Sie bitte Ihren Tierarzt, welche Präparate er empfehlen kann.

Wärmende Umschläge oder warme Kirschkernkissen um das betroffene Gelenk können die Schmerzen lindern.

Prognose

Arthrosen sind nicht heilbar. Durch die entzündungshemmende Therapie wird versucht, das weitere Voranschreiten zu verlangsamen oder bestenfalls aufzuhalten. Wichtig für den

Halter ist, dass Katzen mit Arthrose nicht gern springen und laufen, weil ihnen dies Schmerzen bereitet. Deshalb sollte man der Katze das Treppenlaufen oder Klettern auf den Schlafplatz erleichtern oder Alternativen anbieten. Schmerz- und entzündungslindernde Medikamente müssen im ungünstigsten Fall lebenslang gegeben werden.

Altersdemenz

Der Begriff Demenz steht für eine Reihe von Erkrankungen, die zu einem fortschreitenden Verlust der geistigen Leistungsfähigkeit und zu Persönlichkeitsveränderungen führen. Vermutlich erkrankt jede zweite Katze ab einem Alter von 15 Jahren an einer Demenz. In vielen Fällen sind zusätzlich andere Erkrankungen vorhanden, die es zunächst zu erkennen und, falls möglich, zu therapieren gilt.

Ursachen

Die Veränderungen im Gehirn sind bei der Altersdemenz der Katze noch nicht genau erforscht. Fest steht allerdings, dass mehr und mehr Nervenzellen und Nervenzellverbindungen zugrunde gehen.

Symptome

Zielloses nächtliches Umherirren, lautes Miauen ohne erkennbaren Grund, starre Blicke, Sitzen in der Ecke, stundenlanges Verharren vor dem Futternapf, übertriebene Anhänglichkeit sowie Kot- und Urinabsatz an nicht dafür vorgesehenen Stellen sind typische Symptome für die verwirrte alte Katze. Wer einen demenzerkrankten Menschen in der Familie hat, weiß um die psychische Belastung bei der Betreuung. Da die meisten Katzen keine Türen öffnen, Herdplatten anstellen oder

Das regungslose Verharren im Raum über lange Zeit kann ein Hinweis auf Altersdemenz sein.

dreimal am Tag die Feuerwehr anrufen können, sind die Belastungen vergleichsweise gering. Dennoch kann auch eine Katze, die rund um die Uhr laut schreiend hinter ihrem Menschen herläuft, die Nerven sehr strapazieren.

Diagnose

Die Diagnose wird nach dem Ausschluss einiger internistischer Erkrankungen mittels Blutanalyse gestellt. Die häufigste Erkrankung, deren Symptome der Altersdemenz ähneln, ist gleichzeitig die häufigste Erkrankung der älteren Katze: die Schilddrüsenüberfunktion.

Therapie

Eine Therapie ist bisher nicht gefunden worden; man muss lernen, mit den Symptomen seiner Katze zu leben. Wichtig für die Katze und auch für Sie ist, dass Sie nicht mir Abneigung oder sogar Aggression reagieren. Gehen Sie rücksichts- und liebevoll mit der Katze um, geben Sie ihr die Zuwendung, die Sie einfordert. Mit sehr hoher Wahrscheinlichkeit werden auch wir eines Tages, wenn wir nur alt genug werden, mit ähnlichen Problemen zu kämpfen haben.

Prognose

Es handelt sich bei der Altersdemenz um eine voranschreitende Erkrankung. Viele Katzenhalter treten an den Tierarzt mit der Bitte um Einschläferung der Katze heran, wenn sie nicht mehr in der Lage ist, kontrolliert Kot und Urin abzusetzen. Da dieses Verhalten in der Regel mit einem deutlichen körperlichen und geistigen Verfall einhergeht, wird dieser Bitte aus tierschutzrelevanten Gründen meist entsprochen.

Schlaganfall

Der Schlaganfall ist bei Katzen ebenso wie bei Menschen ein akut auftretendes Geschehen, bei dem es aufgrund einer Unterbrechung der Blutversorgung im Gehirn zu deutlichen neurologischen Ausfällen jeder Art kommen kann. Inwieweit die Ursachen denen des menschlichen Schlaganfalls gleichen, ist bei der Katze unbekannt, da weiterführende Untersuchungen wie eine Gehirngefäßdarstellung mithilfe der Computertomografie in der Regel unterbleiben. Daher ist der Begriff Schlaganfall nicht unbedingt richtig, genügt aber zur Beschreibung der Symptome, die einem Schlaganfall ähneln. In vielen Fällen kann anhand der Symptome die Lokalisation der Schädigung eingegrenzt werden. Häufig ist das Innenohr mit dem Gleichgewichtsorgan betroffen. Vermutlich handelt es sich in den meisten Fällen mit Verdacht auf Schlaganfall eher um das Vestibularsyndrom. Diese Unterscheidung ändert aber nichts an der Therapie.

Ursachen

Die Ursachen sind meist unbekannt, vermutet werden Entzündungen und Durchblutungsstörungen im Innenohr oder Gehirn. Bei sich langsam entwickelnden neurologischen Ausfällen sollte immer auch an einen Gehirntumor gedacht werden.

Symptome

Die Symptome sind vielgestaltig und sehr ernst zu nehmen. In den harmloseren Fällen werden nur zwei unterschiedlich große Pupillen oder eine Kopfschiefhaltung mit unregelmäßigen Bewegungen der Pupillen bemerkt. Bei einem schweren Schlaganfall zeigt die Katze Orientierungslosigkeit mit deutlichen Ausfällen in der Koordination. Dazu kann Erbrechen bis hin zum Kreislaufkollaps kommen.

Diagnose

Die Diagnose wird anhand der Symptomatik gestellt. Stark erhöhte Nieren-, Leber-, Schilddrüsen- und Zuckerwerte im Blut können ebenfalls zu neurologischen Ausfallerscheinungen führen. Diese Blutparameter müssen in allen Fällen überprüft werden.

Therapie

Im Vordergrund stehen die Kreislaufstabilisierung sowie die Verabreichung entzündungshemmender und durchblutungsfördernder Medikamente. Katzen mit massiven Aus-

Wenn die alte Katze nichts mehr hören kann, sollte sie nur noch auf einem vor Autoverkehr und Hunden gesicherten Grundstück Freigang haben.

fallerscheinungen müssen stationär mittels Infusionen versorgt werden.

Prognose

Die Prognose für eine vollständige Heilung richtet sich nach der Schwere der Erkrankung und nach der Wirksamkeit der Medikamente. Bei schwerwiegenden Krankheitsverläufen, ohne eine erkennbare Verbesserung innerhalb weniger Tage, ist leider oft nur die Einschläferung die richtige Entscheidung zum Wohl der Katze.

Alterstaubheit

Alte Katzen können Probleme mit dem Hörvermögen bekommen. Meist fällt das erst auf, wenn die Katze einen ungewöhnlich tiefen Schlaf zeigt, aus dem sie auch durch Klatschen in die Hände nicht zu wecken ist. Wenn der Tierarzt keine Veränderungen in den äußeren Gehörgängen feststellt, lautet die Diagnose Alterstaubheit. Eine Therapie gibt es nicht. Katzen kommen aber auch ohne Gehör gut zurecht, sofern sie sich in der gewohnten Umgebung befinden.

Taube oder stark schwerhörige Katzen können allerdings Fahrzeuge, fauchende andere Katzen oder bellende Hunde nicht mehr oder nicht rechtzeitig wahrnehmen, sodass ihnen nur Zugang zu ungefährlichen Bereichen gewährt werden sollte, zum Beispiel dem sicher eingezäunten Gartengrundstück. Andernfalls sind solche Katzen in der Wohnung oder im Haus besser und sicherer aufgehoben.

Übergewicht muss auch bei Katzen sehr ernst genommen und konsequent behandelt werden, um schweren Folgeerkrankungen vorzubeugen.

Linsentrübung

Der graue Star (Katarakt) ist eine Trübung der Augenlinse, die bei Katzen jedoch nicht altersbedingt ist. Je nach Ausmaß der Trübung ist das Sehvermögen der Katze gering bis hochgradig beeinträchtigt. Bei einer vollständigen Trübung ist das betroffene Auge blind. Der häufigste Grund für den grauen Star bei der Katze sind Entzündungen, insbesondere nach Krallenverletzungen mit Schädigung der Linsenkapsel.

Verwechselt wird der graue Star gern mit der für ältere Katzen typischen Graufärbung der Linse, der Kernsklerose, die der Tierarzt bei der Augenuntersuchung feststellen kann. Sie kommt bei Katzen ab etwa dem zehnten Lebensjahr vermehrt vor, beeinträchtigt in der Regel aber nicht die Sehkraft. Die Ursachen sind nicht bekannt, eine Therapie ist nicht nötig.

Übergewicht

Wenn eine Katze stetig mehr Energie aufnimmt, als ihr Körper verbraucht, bilden sich Fettdepots. Von Übergewicht, das mit diversen gesundheitlichen Problemen einhergeht, spricht man, wenn das Gewicht der Katze um mindestens 15 Prozent höher ist als das Normalgewicht. Für die meisten ausgewachsenen Katzen, mit Ausnahme sehr großer Rassen, gilt ein Gewicht von drei bis fünf Kilogramm für weibliche Tiere und vier bis sechs Kilogramm für Kater als normal.

Nur sehr selten ist das Übergewicht eine Folge anderer Erkrankungen, wie zum Beispiel Hormonstörungen, oder tritt als Nebenwirkung von Medikamenten wie Kortison auf.

Ursachen

Das Alter als solches stellt keine Ursache für Übergewicht dar. Die Körpermasse steigt bei Katzen bis zum Alter von sechs bis acht Jahren mehr oder minder deutlich an, sinkt danach aber wieder ab. Wenn jedoch bereits in jungen Jahren das Gewicht zusehends ansteigt, ist das Übergewicht im Alter vorprogrammiert.

Bei den meisten betroffenen Katzen sind mehrere Faktoren für das Übergewicht verantwortlich. Die häufigsten Ursachen:

- Ad-libitum-Fütterung: Das Futter steht permanent zur Verfügung. Insbesondere sehr schmackhaftes und fettreiches Katzenfutter wird so im Übermaß aufgenommen.
- Leckerli: Übermäßige Gabe von kalorienreichen Leckerli und Vitaminpasten.
- Geringe körperliche Aktivität aufgrund mangelnder Bewegungsanreize oder fehlender Bewegungsmöglichkeiten.
- Kastration.
- Fehleinschätzung des Körpergewichts durch den Katzenhalter.

Das Risiko für die Entwicklung von Übergewicht ist generell für weibliche Tiere höher als für männliche, für kastrierte höher als für unkastrierte und für Wohnungskatzen höher als für Katzen mit Freigang. Der uneingeschränkte Zugang zu kalorienreichem Trockenfutter sollte bei allen Katzen vermieden werden.

Gesundheitsrisiken

Die übermäßige Fettansammlung in den Fettspeichern des Organismus birgt folgende Gesundheitsrisiken: Diabetes mellitus, Lungenerkrankungen, Herzerkrankungen, Arthrosen, Lahmheiten, nicht allergische Hauterkrankungen, Lebererkrankungen, Harnwegserkrankungen, erhöhtes Operations- und Narkoserisiko. Eine Studie an 1 400 Katzen hat nachgewiesen, dass dicke Katzen im Vergleich zu normalgewichtigen fast viermal so oft an Diabetes mellitus erkranken, fast dreimal so oft eine Lahmheit entwickeln und etwa anderthalbmal so oft an nicht allergischen Hautkrankheiten leiden.

Therapie

Obwohl die Ursachen für das Übergewicht meist in einer falschen Fütterung zu suchen sind, so ist die Behandlung, also das Abnehmen, oft mit Problemen behaftet.

Abnehmen mit Freigang: Wer seine Katze nach draußen lässt und versucht, sie auf Diät zu setzen, erlebt manchmal Überraschendes: Trotz drastischer Futterreduktion wird die Katze nicht schlanker, sondern im Gegenteil sogar immer dicker und runder. Keine Katze der Welt wird dick, wenn sie weniger Kalorien aufnimmt, als sie täglich verbraucht. Eine Katze mit Hunger wird draußen immer irgendwo etwas Essbares finden – und wenn es die gefüllte Schüssel auf der Terrasse des Nachbarn ist, der den flehenden Katzenaugen nicht widerstehen kann. Versuchen Sie Ihre Nachbarn zu informieren, dass Ihre Katze nicht gefüttert zu werden braucht und aus gesundheitlichen Gründen abnehmen muss.

Abnehmen mit Partnerkatze: Das Füttern von zwei Katzen mit zwei unterschiedlichen Futtermitteln stellt viele Katzenhalter vor ein großes Problem. Wie kann man die eine Katze davon abhalten, das Futter der anderen interessanter zu finden? Einzige Lösung: Die Katzen müssen in unterschiedlichen Räumen gefüttert werden und dürfen erst dann wieder zusammengelassen werden, wenn die Mahlzeiten aufgefressen wurden.

Abnehmen ohne Einsicht: Manche Katzenhalter empfinden es als persönliche Beleidigung, wenn der Tierarzt darauf hinweist, dass die Katze zu dick ist und Handlungsbedarf besteht. Nur wenn der Katzenhalter die Notwendigkeit der Gewichtsreduktion erkennt, kann der Katze auch geholfen werden. Kaum ein Katzenhalter füttert seine Katze rund und dick, weil er sie nicht mag. Im Gegenteil: Nicht selten führt falsch verstandene

Nulldiät = Todesgefahr

Es ist ein Irrglaube, dass man Katzen zwingen kann, ein bestimmtes Futter zu akzeptieren. Vielleicht stimmt es nicht ganz, dass eine Katze lieber verhungert, als etwas zu essen, was sie nicht mag; aber so weit kommt es meist gar nicht. Insbesondere übergewichtige Katzen geraten bei fehlender Nahrungsaufnahme möglicherweise bereits innerhalb eines Tages in eine lebensgefährliche Stoffwechselsituation, aus der sie nur durch aufwendige tierärztliche Hilfe wieder gesund herauskommen. Die sogenannte Hepatische Lipidose führt unbehandelt zum Tod. Aus diesem Grund dürfen Katzen niemals auf Nulldiät gesetzt werden oder eine gravierende Futterreduktion erhalten. Das Abnehmen sollte immer sehr langsam erfolgen.

Tierliebe zu der Problematik. Fragen Sie bitte Ihren Tierarzt nach den Möglichkeiten der schonenden Gewichtsreduktion.

Verstopfung

Unter einer Verstopfung (Obstipation) versteht man eine erschwerte oder seltene Darmentleerung. Da im Alter alle Prozesse des Katzenkörpers langsamer ablaufen, kann auch die Kotabsatzhäufigkeit geringer werden. Solange aber Ihre Katze keine Schwierigkeiten beim Toilettengang zeigt, ist alles in Ordnung.

Ursachen

Eine Verstopfung ist keine eigenständige Erkrankung, sondern ein Symptom. Ursachen sind altersbedingte Darmträgheit, Bewegungsmangel, Rückenprobleme, Niereninsuffizienz, Darmtumoren und Beckenveränderungen, zum Beispiel nach einer unfallbedingten Fraktur.

Symptome

Typisch für eine Katze mit Verstopfung ist das schmerzhafte Pressen auf Kot auf der Katzentoilette. Einige gehen mehrmals auf die Toilette, ohne dass Kot abgesetzt werden kann. Andere Katzen mit einer Obstipation liegen apathisch da, ohne auch nur ein Anzeichen für einen gestörten Kotabsatz zu zeigen. Sollte Ihnen auffallen, dass Ihre Katze ungewohnt selten Kot absetzt und dieser zudem sehr trocken und fest ist, kontaktieren Sie bitte Ihren Tierarzt. So verhindern Sie, dass es zu einer hochgradigen Verstopfung kommt.

Frühzeitig handeln

Auch wenn das Wort Verstopfung erst einmal nichts Lebensbedrohliches vermuten lässt, so sind hochgradig verstopfte Katzen nicht selten in einer sehr ernsten gesundheitlichen Situation. Auch die tierärztliche Therapie kann Risiken in sich bergen. Je frühzeitiger die Diagnose Verstopfung gestellt wird und die Behandlung beginnt, umso besser für Ihre Katze.

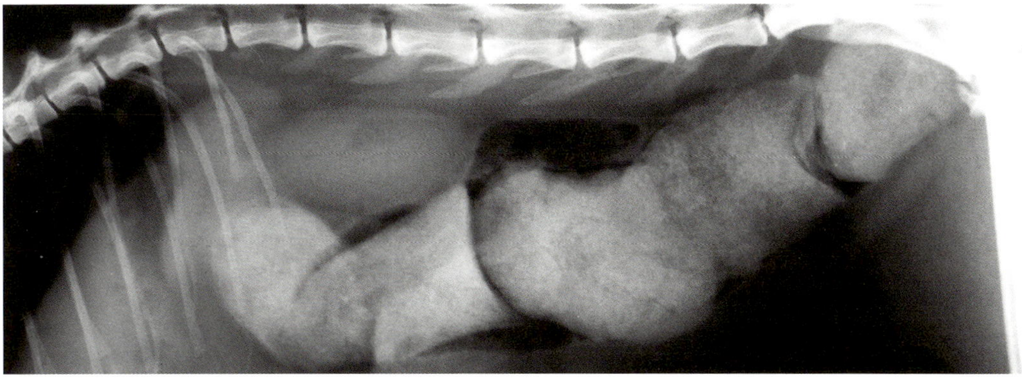

Auf diesem Röntgenbild ist eine hochgradige und lebensbedrohliche Verstopfung zu erkennen.

Diagnose

Bereits durch das Abtasten des Bauchs kann in vielen Fällen die Verstopfung gefühlt werden. Schwieriger als die Diagnose der Verstopfung ist die Diagnose der Ursache. Bei älteren Katzen stehen der Bewegungsmangel und die Niereninsuffizienz ganz oben auf der Ursachenliste. Aber auch schmerzhafte Veränderungen an der Wirbelsäule treten nicht selten auf. Auch wenn es sich offenbar „nur" um eine harmlose Verstopfung handelt, so sollte immer nach der Ursache gesucht werden, um zukünftig den Kotabsatz positiv beeinflussen zu können.

Therapie

Bei schwerwiegenden Verstopfungen muss der Darm ausgeräumt werden. Dazu wird die Katze in Narkose gelegt, der Tierarzt entleert den Darm Stück für Stück mit dem Finger. Bei bereits vorhandenen Darmrissen muss sogar operiert werden, was im allerschlimmsten Fall dazu führen kann, dass Darmanteile chirurgisch entfernt werden müssen.

So unterschiedlich die Ursachen für eine Verstopfung sein können, so vielfältig stellen sich die Therapie und die Prophylaxemaßnahmen dar. Bei einer Niereninsuffizienz muss auf eine verstärke Wasseraufnahme geachtet werden. Bei Rückenproblemen sollte der Katze der Schmerz genommen werden. Bei Bewegungsmangel kann man die Katze zum Spielen animieren und so in vielen Fällen den Darm dauerhaft in Schwung bringen.

Es gibt eine Vielzahl von Präparaten, die der Katze den Kotabsatz erleichtern, indem der Kot weich und gleitfähig gehalten wird. Hingegen ist es ein Irrglaube, dass Olivenöl und andere Pflanzenöle den Stuhlgang erleichtern. Sie schaden zwar nicht, werden jedoch bereits in den vorderen Darmabschnitten resorbiert. Fragen Sie bitte Ihren Tierarzt, was er Ihnen speziell für Ihre Katze empfiehlt.

Klistier birgt Lebensgefahr

Der Versuch, ein Klistier aus der Apotheke anzuwenden, hat schon mancher Katze das Leben gekostet. Bei Verdacht auf Verstopfung sollten Sie außerdem der Katze kein Öl einflößen oder sonstige eigene Therapieversuche starten. An der Behandlung einer Verstopfung durch den Tierarzt führt kein Weg vorbei.

Die *pflege*-bedürftige Katze

Wer sich für eine Katze entscheidet, sollte sich bewusst machen, dass aus einem kleinen süßen Katzenwelpen irgendwann höchstwahrscheinlich eine alte, kranke und pflegebedürftige Katze wird. Im Idealfall übernimmt man 15 Jahre und länger die Verantwortung für seine Katze, die auf die menschliche Fürsorge angewiesen ist. Neben dem täglichen Füttern und den Streicheleinheiten gehören auch Tierarztbesuche zur Vorsorge und im Krankheitsfall dazu. Wenn Ihre Katze in die Jahre kommt, ist es gut möglich, dass sie pflegebedürftig wird und dann die besondere Unterstützung ihres Menschen braucht.

Was heißt eigentlich „pflegebedürftig"?

Natürlich braucht auch eine junge und gesunde Katze unsere Pflege: Sie benötigt gutes Futter, unsere Zuwendung und, besonders wenn sie einer Langhaarrasse angehört, Hilfe bei der Fellpflege.

Die hier gemeinte „Pflegebedürftigkeit" bezieht sich allerdings darauf, dass Sie als Mensch Tätigkeiten für Ihre Katze übernehmen, die über das selbstverständliche Maß hinaus für die Gesunderhaltung, das Wohlbefinden oder für die Minderung von Schmerzen oder Krankheitssymptomen wichtig sind. Wenn Ihre Katze also alters- oder krankheitsbedingte Einschränkungen aufweist und sie vielleicht Medikamente benötigt, müssen Sie sie unterstützen.

Viele alte Katzen benötigen Unterstützung bei der Fellpflege.

Gelangt die Katze zum Beispiel aufgrund einer Arthrose mit der Zunge nicht mehr an ihren Rücken oder vernachlässigt sie aufgrund einer Demenz die Fellpflege, sollten Sie sie regelmäßig bürsten und kämmen, um Verfilzungen vorzubeugen. Bei der Körperpflege, für die die Katze vielleicht 14 Jahre ihres Lebens täglich selbst gesorgt hat, braucht sie nun Hilfe. Ähnlich verhält es sich mit der Krallenpflege.

Auch die Verabreichung einer speziellen Diätnahrung, wie zum Beispiel bei der chronischen Niereninsuffizienz, ist eine Form der Pflege. Aufwendig und zeitintensiv wird es dann, wenn die Katze täglich Medikamente bekommen muss, ohne die sie massive gesundheitliche Probleme zu erwarten hätte, wie es beim Diabetes mellitus, der Schilddrüsenüberfunktion und bei Herzerkrankungen der Fall ist.

Auch aufgrund veränderter Wesenszüge birgt die Pflege alter Katzen unter Umständen besondere Herausforderungen. So werden Katzen – wie die meisten Menschen auch – mit dem Alter starrsinniger und sind unbekannten Pflegemaßnahmen gegenüber noch einmal deutlich weniger aufgeschlossen als in jungen Jahren.

Wo sind die Grenzen der Pflege?

Die Pflegeaufwendungen sollten dann infrage gestellt werden, wenn die Maßnahmen nicht den gewünschten Erfolg zeigen, die Katze die Pflege nur unter massiven Zwangsmaßnahmen duldet oder die Pflege zu weiteren, schwereren Erkrankungen führt. Eine Katze, die sich beim geringsten Festhalten durch den Katzenhalter zur Verabreichung einer Insulinspritze derart gebärdet, als ginge es um ihr Leben, wird sicherlich auf Dauer nicht mit Insulin versorgt werden können. Was macht man mit einer nierenkranken Katze, die ihr Nierendiätfutter konsequent verschmäht? Lässt man sie hungern oder bis ans Ende ihrer Tage nur sehr widerwillig ihr Futter aufnehmen? Sicher nicht. Wie kann man eine Katze zwingen, die sich standhaft gegen die Verabreichung ihres Medikaments gegen die Überfunktion der Schilddrüse wehrt? Gar nicht. Die Grenzen der Pflege werden oft von der Katze selbst gesetzt.

Welche Pflege lässt die Katze zu?

Eine Pflege, die keinen Stress bedeutet, nicht schmerzt, gut schmeckt und gut riecht, wird von der Katze toleriert. Leider ist das in den wenigsten Fällen gegeben, denn kaum eine Insulinspritze riecht gut oder bedeutet keinen Stress. Auch sind die wenigsten Tabletten, Tropfen oder Pülverchen schmackhaft. Manche Katzen lassen sich alles gefallen, egal, ob sie zweimal täglich eine Spritze bekommen oder Tabletten, und auch jedes beliebige Futter wird problemlos aufgenommen. Dann gibt es aber auch die – leider deutlich häufigeren – Vertreter ihrer Art, die jede Form der Manipulation abwehren, jedes noch so gut riechende Futter verschmähen, da sie es nicht kennen, und die beim Versuch einer Tabletteneingabe beißen und kratzen. Den meisten Katzen ist vor Pflegebeginn nicht anzusehen, was sie alles über sich ergehen lassen und was nicht. Lassen Sie sich, hoffentlich positiv, überraschen.

Je früher man beginnt, seine Katze an gelegentliche Futterwechsel, aber auch an Berührungen und Untersuchungen zu gewöhnen, desto leichter hat man es später. Das regelmäßige Betasten und Anschauen der Krallen, der Ohren und der Blick in den Mund sollten bereits im Welpenalter beginnen. Manche Katzen wehren sich vehement gegen derlei Eingriffe in ihre Privatsphäre. Versuchen Sie es immer mit Ruhe und Geduld, so haben Sie die besten Chancen auf Erfolg.

Verabreichung von Medikamenten

Es gibt eine Vielzahl von Möglichkeiten und Tricks, seiner Katze Medikamente zu verabreichen. Leider kommt es nicht selten zu Verletzungen des Katzenhalters, insbesondere dann, wenn er unsicher ist und die richtigen Handgriffe nicht kennt. Sollten Sie tatsächlich gebissen werden, begeben Sie sich umgehend in ärztliche Behandlung, da Katzenbisse sich leicht infizieren und unter Umständen schwerwiegende Komplikationen mit sich bringen können.

Die im Folgenden beschriebenen Tipps zur Verabreichung von Medikamenten haben das Ziel, das Prozedere für Mensch und Katze so gefahrlos und stressfrei wie möglich zu gestalten. Lassen Sie sich am besten die einzelnen Methoden außerdem von Ihrem Tierarzt zeigen.

Tabletten

Die meisten Katzen kann man beim ersten Mal überlisten und die Tablette schnell ins Maul befördern oder im Futter verstecken. Leider müssen Herz- und Schilddrüsentabletten ebenso wie viele weitere Präparate lebenslänglich und mindestens einmal am Tag verabreicht werden. Es graut nicht nur den Katzen, sondern auch den Besitzern vor der täglichen Tortur der Tablettengabe, die in der Katzenmedizin eines der größten Probleme darstellt. Viele Katzen, die auf Medikamente angewiesen wären, verweigern die Einnahme vollständig, ohne dass wir etwas dagegen unternehmen können.

Eine ganz besondere Herausforderung sind Schilddrüsentabletten, die unbedingt unzerteilt verabreicht werden müssen. Die meisten anderen Präparate in Tablettenform können klein gemörsert und mit Wasser verabreicht oder zerteilt werden. Katzen, die bereitwillig Tabletten schlucken, gehören zu den Ausnahmen. Sobald die Tablette über den Zungengrund hinweg ist, wird der Schluckreflex ausgelöst und die Tablette zwangsläufig ge-

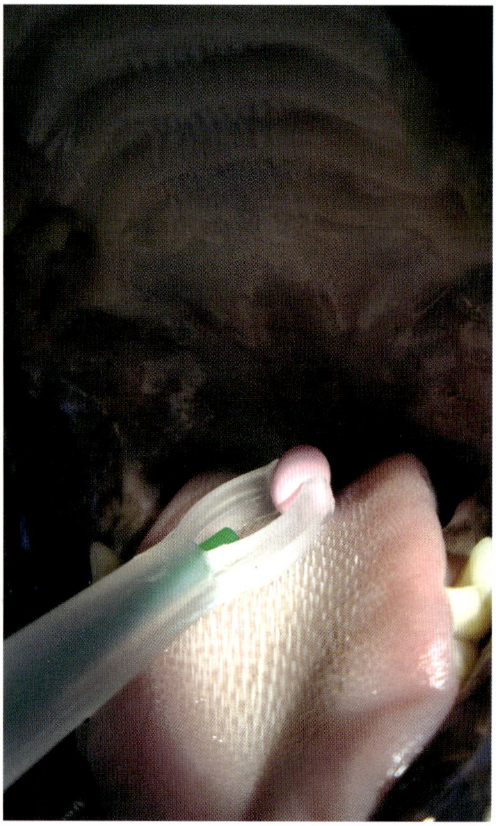

Mithilfe eines Tabletteneingebers gelingt es leichter, die Tablette so weit hinten auf der Zunge zu platzieren, dass der Schluckreflex ausgelöst wird.

schluckt. Die Kunst besteht jedoch darin, sie erst einmal so weit ins Maul der Katze hineinzubefördern.

Sogenannte Tabletteneingeber sind Instrumentarien, die nichts anderes als verlängerte Finger darstellen. An ihrer Spitze kann man die zu verabreichende Tablette einklemmen. Der Tabletteneingeber wird möglichst weit ins Maulinnere geschoben. Mit etwas Übung und ein wenig Kooperationsbereitschaft Ihrer Katze gelingt das oft ganz gut.

Ein großer Vorteil des Tabletteneingebers ist der Schutz der eigenen Finger, denn der Rat, die Tablette mit den Fingern weit nach hinten in den Hals der Katze zu befördern, mag bei zahnlosen Katzen noch funktionieren; bei den meisten anderen endet diese Vorgehensweise dagegen allzu oft mit Bisswunden. Bei manchen Katzen funktioniert es,

Bei der Tabletteneingabe mit den Fingern besteht die Gefahr, dass Sie verletzt werden.

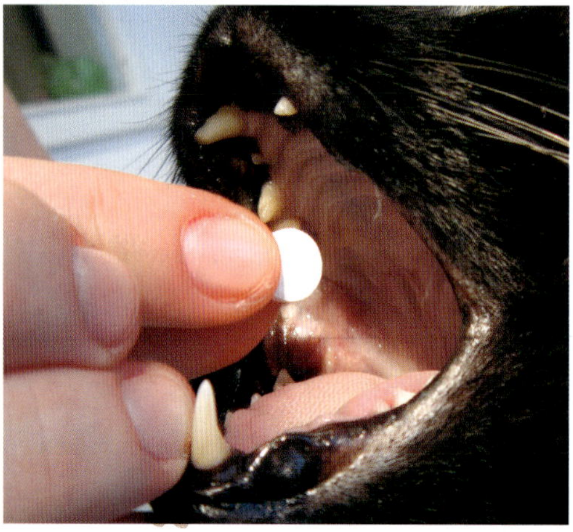

Mogelpackung mit Leckerli

Wenn Ihre Katze jede Form des Tablettenverabreichens verweigert, können Sie versuchen, ihr die Tabletten unterzumogeln. Gut geeignet dafür sind Vitaminpasten, Butter, Leberwurst und Rinderhack. Sie mögen einwenden, dass all dies ungesund sei. Doch stellt sich die Frage, was schädlicher ist: täglich etwas Butter oder Rinderhack oder eine unbehandelte Schilddrüsenüberfunktion? Der Katze ist sicher besser damit gedient, wenn sie etwas Leberwurst bekommt, als dass sie an einem Lungenödem oder einer Herzerkrankung stirbt.

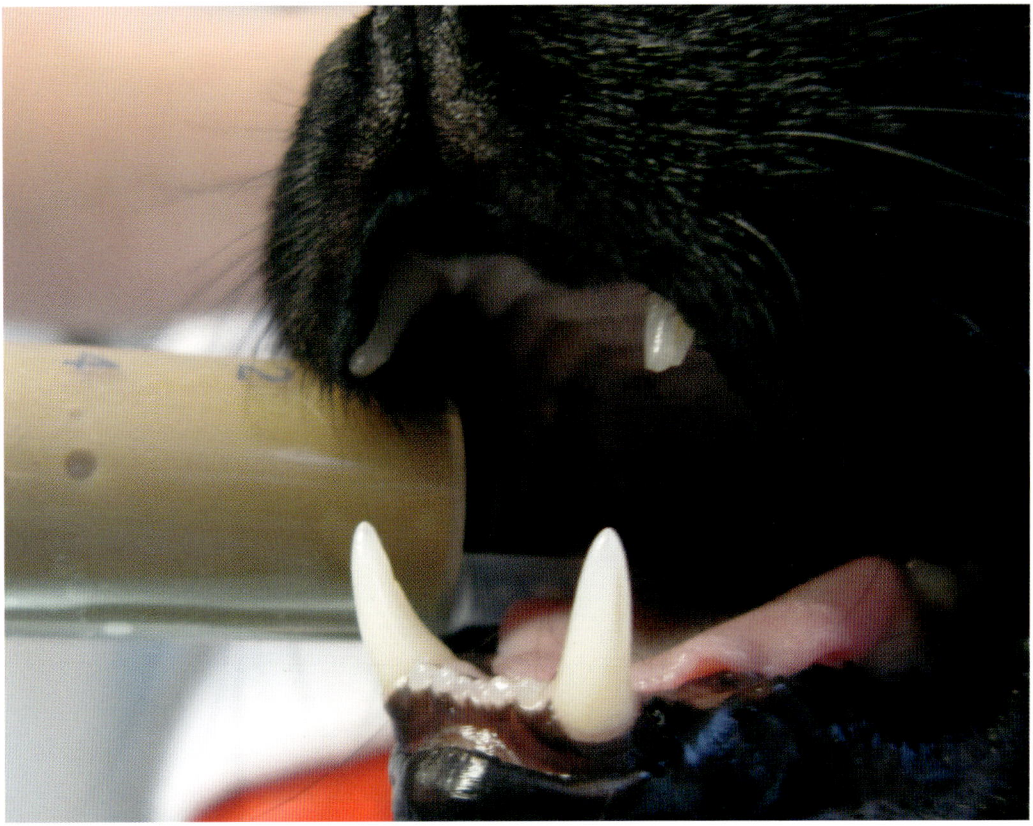

Flüssige Medikamente lassen sich bei vielen Katzen recht gut mit einer Spritze ins Maul geben.

das Maul zu öffnen und die Tablette ohne Gefahr für die Finger in den Rachen fallen zu lassen – doch das klappt längst nicht bei jeder Katze.

Flüssigkeiten

Fragen Sie Ihren Tierarzt, ob die von ihm verordneten Tabletten auch in Flüssigkeit aufgelöst werden können. Wässrige Medikamente werden meist besser von der Katze toleriert als Tabletten oder Kapseln. Unter Umständen lassen sich die Flüssigkeiten sogar unter das Futter mischen. Andernfalls kann man versuchen, sie mit einer Einmalspritze (natürlich ohne Kanüle!) direkt ins Maul zu spritzen. Manche Katzen sind allerdings meisterhaft darin, genau im entscheidenden Moment alle Kräfte zu mobilisieren, sodass die Flüssigkeit entweder gar nicht an ihr Ziel gelangt oder zumindest teilweise wieder ausgespuckt wird.

Injektion von Insulin

Fast alle Katzen mit Diabetes müssen zweimal täglich Insulin gespritzt bekommen. Meist gelingt dies nach anfänglichen Bedenken des Katzenhalters problemlos.

Wichtig: Lassen Sie sich die richtige Vorgehensweise in Ruhe von Ihrem Tierarzt erklären und zeigen, dann werden auch Sie schnell Routine entwickeln. Achten Sie beim Aufziehen des Insulins darauf, dass keine Luft in der Spritze

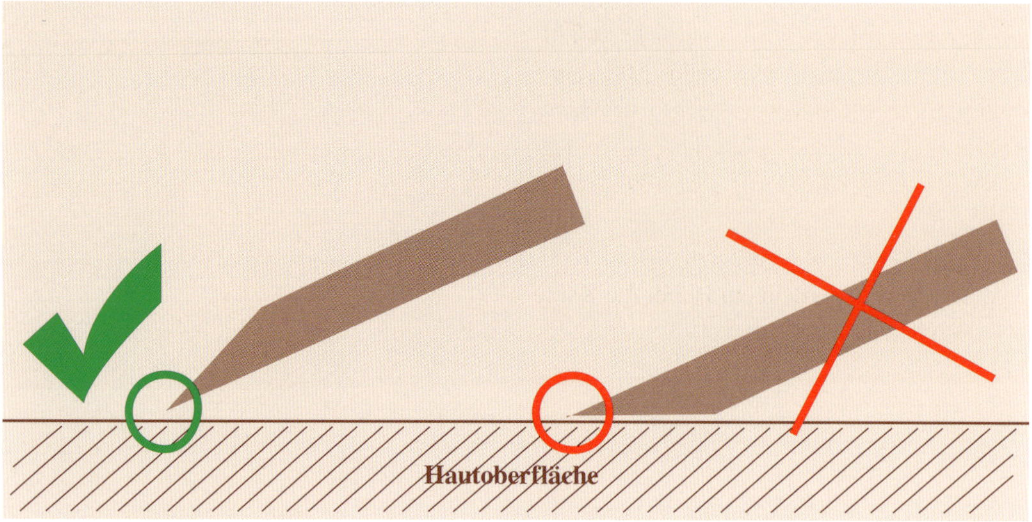

Die Nadelspitze sollte mit der angeschliffenen Seite von der Haut wegzeigen. Der Einstichschmerz kann dadurch minimal gehalten werden.

Vor dem Spritzen von Insulin muss man darauf achten, die eventuell in der Spritze befindliche Luft zu entfernen. Dazu die Spritze mit der Nadel nach oben halten, mit dem Finger leicht gegen die Spritze klopfen und durch Drücken des Kolbens die Luft entweichen lassen. Anschließend die noch fehlenden Insulineinheiten aufziehen.

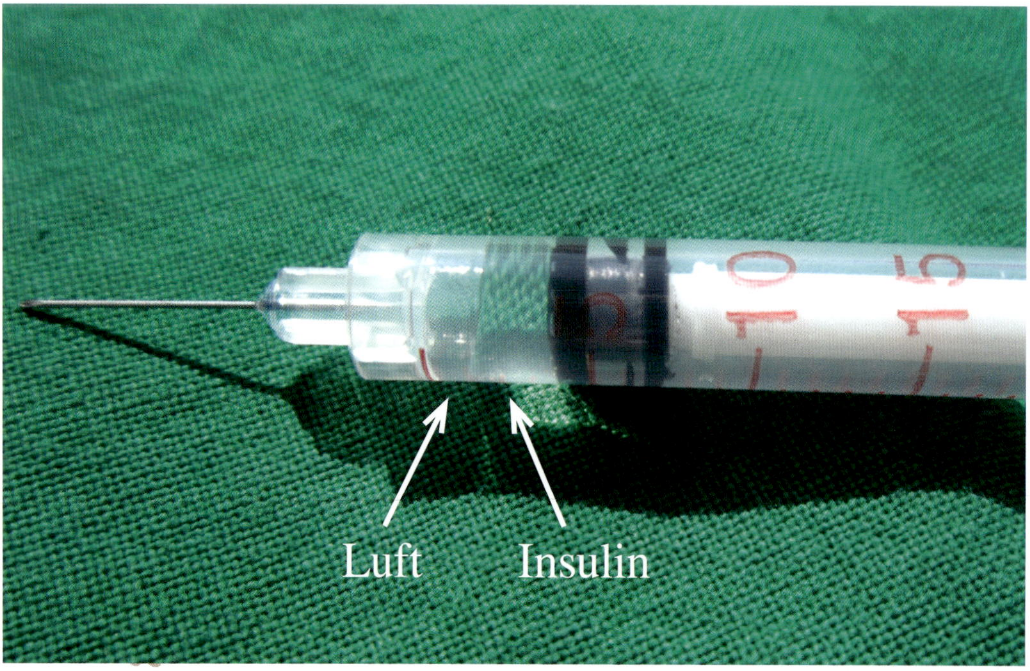

ist. Die Luft ist für die Katze nicht gefährlich, jedoch besteht die Gefahr der Unterdosierung, da die Luft den Platz in der Spritze füllt.

Die Nadel sollte flach angesetzt werden und zügig unter die Haut gestochen werden, so ist der Piks am wenigsten zu spüren. Idealerweise lenkt außerdem ein Helfer die Katze bei der Injektion ab.

Warum Kooperation wichtig ist

In der Medizin spricht man von Compliance des Patienten als Oberbegriff für dessen kooperatives Verhalten im Rahmen der Therapie. Da Katzen in der Regel jede Form der Therapie ablehnen, wird in der Tiermedizin die Compliance auf den Katzenhalter übertragen. Eine gute Compliance entspricht dem konsequenten Befolgen der tierärztlichen Ratschläge.

Humanmedizinische Studien zeigen, dass 35 bis 40 Prozent aller verordneten Medikamente nicht eingenommen werden, sogar lebensnotwendige Arzneien. In der Tiermedizin werden ähnliche Zahlen vermutet. Warum ist es aber bei Katzenhaltern mit der Therapietreue nicht zum Besten gestellt? Nur wer den Sinn und die Notwendigkeit einer Therapie versteht und erkennt, wird die mit dem Tierarzt besprochenen Maßnahmen auch bei Abwehrreaktionen seiner Katze durchführen. Aus diesem Grund ist es ungemein wichtig, dass Tierärzte Antworten auf alle Fragen zur Behandlung der Katze geben. Nur wenn Sie genau verstehen, warum Sie Ihre Katze behandeln müssen, werden Sie es auch gern tun. Sollten Sie Schwierigkeiten haben, lassen Sie sich von Ihrem Tierarzt noch mal alles genau erklären und zeigen.

Keine falsche Scham

Es ist keine Schande und kein Katzenhalter muss sich schämen, wenn er am Ohr seiner Katze kein Blut nehmen kann, die Insulinspritze nicht unter die Haut gelangt und die Tablette nicht den Weg in den Mund der Katze findet. Besprechen Sie Ihre Schwierigkeiten mit Ihrem Tierarzt. Niemand wird Sie deswegen auslachen oder für unfähig halten. Es gibt Katzen, die entziehen sich jeder Form der Therapie. Die meisten kann man jedoch zufriedenstellend behandeln. Bitten Sie Ihren Tierarzt, Ihnen im Bedarfsfall mit Rat und Tat zur Seite zu stehen.

Der richtige *Zeitpunkt* zum Loslassen

Was alle Lebewesen vom kleinsten Bakterium bis zum größten Wal vereint, ist der Tod. Jedes Lebewesen wird unausweichlich irgendwann sterben. Der Tod an sich ist für die meisten Menschen nicht beängstigend oder bedrohlich, aber der Weg dorthin. Der Tod ist ein Zustand der Ruhe, der Schmerz- und Empfindungslosigkeit. Das Sterben jedoch, also der Weg zum Tod, bereitet Angst. Niemand möchte lange leiden, Schmerzen empfinden oder nicht mehr Herr seiner Sinne und seines Willens sein – und kein Katzenhalter möchte, dass sein Stubentiger Vergleichbares durchleben muss. Dennoch ist die Entscheidung, ob und wann man seine Katze erlösen soll, unglaublich schwierig. Dieses Kapitel enthält alle Informationen, die dabei Hilfestellung geben und Vorurteile aufklären können.

Sterben lassen oder Sterbehilfe?

Wir Menschen können Patientenverfügungen schreiben, in denen genau festgelegt ist, ob und welche medizinischen Maßnahmen ergriffen werden sollen, wenn man selbst nicht mehr in der Lage ist, seinen Willen zu äußern. Solange er noch im Vollbesitz seiner geistigen Fähigkeiten ist, kann also jeder Mensch Verhaltensregeln für den Fall seines bevorstehenden Ablebens treffen. Die Katze ist auf

das Wohlwollen und den Sachverstand ihres Menschen angewiesen. Eine von Krankheit gezeichnete und dem Tod geweihte Katze kann über Wochen dahinsiechen, bis sie letztendlich verstirbt. Wollen wir das? Warum gibt es Katzenhalter, die den Weg zum Tierarzt scheuen und die Katze ihrem leidvollen Schicksal überlassen? In den allerwenigsten Fällen ist der Grund Gleichgültigkeit. Im Gegenteil: Menschen, die den Tierarzt scheuen, haben sogar ein sehr inniges Verhältnis zu ihrem Tier. Folgende Gründe werden häufig genannt, wenn der Tierarzt in der letzten Phase eines Katzenlebens gemieden wird:

Das Sterben ist ein natürlicher Prozess, da braucht niemand nachzuhelfen.

Sicher, der Tod kommt auch ohne jegliche Hilfe früher oder später. Aber wenn es die Möglichkeit gibt, den Sterbeprozess bei einer unheilbar kranken Katze zu beschleunigen, wenn es keinerlei Aussicht auf Verbesserung der Situation gibt, sollte dies als letzter Freundschaftsdienst an dem vierbeinigen Begleiter gesehen werden.

Ich habe Angst, am Tod meiner Katze schuld zu sein.

Lesen Sie hierzu bitte den folgenden Abschnitt: „Entscheiden, wann es so weit ist“.

Ich habe Angst vor der Einschläferung.

Über Krankheiten der Katze und ihre Therapien ist schon viel geschrieben worden. Das Kapitel Tod wird jedoch gern ausgespart, ist er doch der erklärte Feind jeder ärztlichen Therapie und jeder ärztlichen Bemühung um das Wohl der Patienten. Es wäre vermessen zu behaupten, man brauche keine Angst vor dem Tod zu haben. Alles Unbekannte ist mit Angst behaftet, und bisher hat uns noch niemand aus dem Jenseits diese Urangst genommen.

Doch das Ausklammern der aktiven Sterbehilfe bei der Katze in entsprechenden Ratgebern bewirkt keine Beruhigung des Katzenhalters, sondern eher das Gegenteil. Menschen, die ihrer Katze als letzten Freundschaftsdienst einen Leidensweg ersparen möchten, sind nicht nur voller Trauer, sondern auch voller Ängste. Was hat man nicht schon alles für Horrorgeschichten im Rahmen der Euthanasie, der Einschläferung, gehört? Lesen Sie unten, was wirklich passiert.

Entscheiden, wann es so weit ist

Sie können nicht allein entscheiden, wann der Zeitpunkt der Erlösung für Ihre Katze gekommen ist. Der Tierarzt entscheidet in der Regel mit Ihnen gemeinsam, ob der aktuelle Zustand für die Katze noch lebenswert ist oder ob eine Therapie Aussicht auf Heilung bringt. Die Angst vieler Katzenhalter, am Tod ihrer geliebten Katze schuld zu sein, ist unbegründet.

Erst dann, wenn der Tierarzt mit seinem Sachverstand zu der Schlussfolgerung kommt, dass der Katze nicht mehr geholfen werden kann und ihr ein Leidensweg zu ersparen ist, kann die Einschläferung erfolgen. Der Tierarzt ist verpflichtet, Leiden von seinen Patienten fernzuhalten. Sie als Katzenhalter brauchen sich keine Sorgen zu machen oder sich mit Gewissenskonflikten zu plagen, dass Sie Ihre Katze der Einschläferung ausgeliefert haben. Im Gegenteil: Sie haben Ihrer Katze mit der Hinzuziehung eines Tierarztes

Zusammen mit dem Tierarzt werden Sie die richtige Entscheidung treffen können, wann das Leben für Ihre Katze nicht mehr lebenswert ist.

die Möglichkeit gegeben, ohne Schmerzen und unter Bewahrung ihrer Katzenwürde aus dem Leben zu scheiden.

Einschläfern – das friedliche Einschlafen

Das Ziel der Einschläferung ist, vereinfacht ausgedrückt, die schmerzfreie Herbeiführung des Todes. Im weiteren Sinne sollten die Katze und der Katzenhalter keiner unnötigen Belastung ausgesetzt werden. Jedoch gibt es immer wieder Kritik an der Art und dem Ablauf der Einschläferung, weil es doch nicht so vonstattengegangen ist, wie man es sich für die Katze gewünscht hätte.

Es gibt verschiedene Möglichkeiten, wie man eine Katze schmerzfrei von ihrem Leiden befreien kann. Viele Katzenhalter berichten aus der Vergangenheit, dass die Katze dabei geschrien hat, wie wild durch den Raum gerannt ist, von mehreren Personen festgehalten werden musste oder dass sogar die Todesspritze direkt ins Herz gegeben wurde. Diese Berichte führen dazu, dass fast alle Menschen, die mit ihrer Katze zur Einschläferung gehen oder den Tierarzt nach Hause kommen lassen, große Angst davor haben, dass ihrer Katze ein ähnliches Schicksal widerfährt.

Besprechen Sie zuvor mit Ihrem Tierarzt, wie der genaue Ablauf ist. Was auch immer es für schaurige Berichte geben mag, die für alle Beteiligten friedlichste Lösung ist folgende: Die Katze bekommt eine Spritze mit einem Narkosemittel unter die Haut injiziert und schläft wie bei einer Vollnarkose ein. Das Legen eines Venenkatheters, das bei Katzen oft Angst und Unruhe auslöst, ist nicht notwendig. Die Injektion schmerzt nicht mehr als

Viele Menschen finden Trost, wenn sie das Grab ihres geliebten Vierbeiners auf einem Tierfriedhof besuchen können.

eine Impfung oder jede andere Art der Injektion. 99 Prozent der Katzen realisieren nicht einmal den Einstich.

Nachdem die Katze eingeschlafen ist, wobei sie natürlich die ganze Zeit auf dem Arm ihrer Bezugsperson gehalten werden kann, wird eine weitere Dosis des Narkosemittels gespritzt. Da die Katze zu diesem Zeitpunkt bereits schläft, merkt sie nicht einmal den Einstich. Dies wird meist ein- bis zweimal wiederholt, zunächst setzt die Atmung, dann das Herz aus.

Katzenhalter, die während des gesamten Vorgangs ihre Katze auf dem Arm haben und streicheln, merken meist noch nicht einmal, wann die Katze letztendlich gestorben ist. Sie schläft dermaßen friedlich ein, dass viele erstaunt fragen: „Das war es schon?" Ja, so wünscht man sich zu sterben.

Wenn die Katze nicht in einer Notfallsituation schnell erlöst werden muss, sondern man weiß, dass es bald so weit sein wird, sollte man versuchen, entweder den Tierarzt nach Hause kommen zu lassen oder einen festen Termin in der Praxis zu vereinbaren. Es gibt kaum etwas Schlimmeres für Katzenhalter, als in einem vollen Wartezimmer längere Zeit auf den Termin für die Einschläferung warten zu müssen.

Was ist danach?

Wenn Sie Ihre Katze beim Tierarzt lassen, wird sie in einem Tierkörperverwertungsbetrieb mit anderen Tieren verbrannt. Sie dürfen Ihre Katze nach dem Einschläfern mitnehmen und müssen dem Tierarzt keine Rechenschaft darüber ablegen, was Sie mit ihr machen möchten. Sie müssen sich jedoch an bestehende Gesetze und Verordnungen halten. Sollten Sie einen eigenen Garten haben, gibt es hinsichtlich der Beerdigung von Haustieren von der Gemeinde Richtlinien, die in den meisten Fällen keine Hindernisse darstellen. Erkundigen Sie sich dennoch vor der Beisetzung im Garten über mögliche Einschränkungen.

Wer keinen Garten hat oder seine Katze dort nicht beerdigen möchte, kann aus einer Vielzahl von Beisetzungsmöglichkeiten wählen. Diese reichen von der Einäscherung (Kremierung) bis hin zu Tierfriedhöfen, Friedwäldern und dem Pressen der Asche zu einem Diamanten.

In einigen Krematorien können Sie vor der Verbrennung nochmals Abschied nehmen und auch dabeibleiben, bis die Überreste in die Urne verbracht werden. Unterschieden wird zwischen Einzel- und Sammelkremierungen. Bei der Einzelkremierung erhalten Sie die Asche Ihrer Katze in einer Urne Ihrer Wahl zurück. Diese können Sie dann mit nach Hause nehmen. Bei der Sammelkremierung werden mehrere Katzen gleichzeitig eingeäschert. Die Asche wird dann meist auf einem extra dafür vorgesehenen und schön gestalteten Gartengrundstück des Krematoriums verstreut. In den meisten Fällen wird der Tierarzt die Organisation der Kremierung übernehmen. Wenn Sie jedoch eigene Wünsche und Vorstellungen haben, können Sie diese mit dem Krematorium individuell besprechen.

Niemand setzt sich gern vorher mit diesen Fragen auseinander. Sie haben aber auch nach dem Einschläfern ausreichend Zeit, sich über die für Ihre Katze beste Beisetzungsart Gedanken zu machen. So mancher Katzenhalter übergibt seine verstorbene Katze sogar einem Tierpräparator, damit sie hinterher wieder im Wohnzimmer sitzen kann. Auch wenn das für manche Menschen makaber und befremdlich klingt: Es ist eine Form der Trauer, die akzeptiert werden muss. Jeder Mensch geht mit seinen Tränen anders um, und wenn es hilft, dass die präparierte Katze weiterhin in der Nähe ist, dann ist das gut so.

Gemeinsam bis zum Schluss

Soll man bis zum Schluss dabeibleiben? Oder ist es besser, die Katze abzugeben und bei der Einschläferung nicht anwesend zu sein? Prinzipiell ist es zu empfehlen, seine Katze bis zum Schluss zu begleiten, auf dem Arm zu halten, zu streicheln, ihr zuzureden. Sie wissen nun, dass Sie keine Angst vor dem eigentlichen Akt des Einschläferns haben müssen. Es gibt jedoch auch Menschen, die aufgrund ihrer psychischen Verfassung nicht in der Lage sind, ihre Katze in den letzten Minuten zu begleiten. Wenn Sie nicht dabei sein können oder wollen, lassen Sie sich auch nicht dazu überreden. Wenn Sie aber danach Ihre Katze gern noch einmal sehen möchten, wird Ihnen der Tierarzt Gelegenheit geben, sich ausgiebig von ihr zu verabschieden.

Trauern ist erlaubt

Schämen Sie sich nicht Ihrer Tränen. Jeder Tierarzt hat für solche Fälle ein Päckchen Taschentücher in der Schublade parat liegen. Katzen werden wie Familienangehörige geliebt, sodass jeder, der Tiere hat, ihre Emotionen mit- und nachfühlen kann. Jeder Mensch trauert anders, und es gibt keine passenden Ratschläge, mit seiner Trauer umzugehen. Wichtig ist, dass Sie irgendwann feststellen, dass die Trauer mehr und mehr nachlässt und die Gedanken über die schöne erlebte Zeit mit Ihrer Katze die Oberhand gewinnen.

Anhang

Der Alters-Check-up beim Tierarzt

Folgendes sollte der Tierarzt untersuchen:

- Blick in die Augen → Linse, Netzhaut
- Ohrenuntersuchung
- Blick in die Mundhöhle → Zunge, Zahnfleisch, Zähne, Rachen
- Abtasten der Schilddrüse
- Abtasten der Lymphknoten
- Abhören des Herzens
- Abhören der Lunge
- Abtasten des Bauches
- Blutdruckmessung
- Temperaturmessung

Bei einer Blutuntersuchung sollten folgende Werte bestimmt werden:

- Nieren
- Schilddrüse
- Leber
- Bauchspeicheldrüse
- Blutzucker

Checkliste für den Katzenhalter

Sie haben das Gefühl, Ihre Katze ist nicht mehr so wie früher? Was ist anders als früher? Bei ⚠ könnte etwas nicht stimmen.

Frage	Ja	Nein
Trinkt sie mehr?	⚠	✓
Hat sie mehr Appetit?	→ Nimmt sie dabei ab? Ja ⚠ / Nein ✓	✓
Erbricht sie mehr als früher?	⚠	✓
Verliert sie an Gewicht?	⚠	✓
Zieht sie sich zurück?	⚠	✓
Schläft sie an ungewohnten Plätzen?	⚠	✓
Zeigt sie gelegentliche Unruhe?	⚠	✓
Hat sie Durchfall?	⚠	✓
Wirkt das Fell stumpf oder struppig?	⚠	✓
Macht sie einen verwirrten Eindruck?	⚠	✓
Lässt sie häufiger ihr Futter im Napf?	⚠	✓
Fällt ihr manchmal das Futter aus dem Mund?	⚠	✓
Hechelt sie manchmal ohne Grund?	⚠	✓
Schafft sie es manchmal nicht auf die Toilette?	⚠	✓
Knirscht sie mit den Zähnen?	⚠	✓
Sitzt sie öfter zusammengekauert da?	⚠	✓

Register

Kontakt zum Autor

Dr. med. vet. Michael Streicher
www.katzen-praxis.de

CADMOS *Katzenbücher*

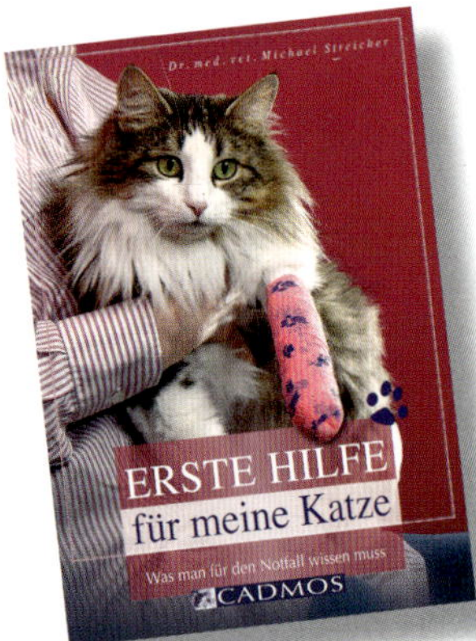

Dr. med. vet. Michael Streicher

Erste Hilfe für Katzen

Katzen haben zwar sprichwörtliche sieben Leben und fallen immer auf die Pfoten. Doch auch sie geraten mitunter in lebensbedrohliche Situationen, in denen sie sofortige Hilfe benötigen. Dieses Buch eines absoluten Fachmanns aus der Praxis erklärt, wie man bei einem Katzennotfall am besten reagiert und so die besten Voraussetzungen für eine erfolgreiche Behandlung durch den Tierarzt schafft.

96 Seiten, farbig, broschiert
ISBN 978-3-8404-4007-6

Martina Braun

Kätzisch für Nichtkatzen

Miauen, fauchen und schnurren – das ist längst nicht alles, was eine Katze an Lauten zu bieten hat! Martina Braun geht den vielfältigen Kommunikationsmitteln unserer Stubentiger auf den Grund und beschäftigt sich dabei auch mit Mimik und Gestik, Körperhaltung und besonderen Verhaltensweisen. Wer mehr über die Sprache „Kätzisch" erfährt, kann seine eigene Katze besser verstehen, typische Probleme lösen und die Beziehung zu ihr noch schöner gestalten.

80 Seiten, farbig, broschiert
ISBN 978-3-86127-130-7

Lena Landwerth

Wegweiser Katzenfutter

Der Wegweiser durch den Futterdschungel: Dieses Buch bietet Katzenhaltern eine Entscheidungshilfe auf der Grundlage sorgfältig recherchierter Fakten. Es erläutert jeweils die Vor- und Nachteile von Fertigfutter, Selbstgekochtem und Rohfütterung und zeigt, dass es gar nicht so schwer ist, den Futternapf für den Stubentiger artgerecht zu füllen.

80 Seiten, farbig, broschiert
ISBN 978-3-8404-4010-6

Sabine Schroll

Wenn Katzen Kummer machen

Dieses Buch erklärt die wichtigsten Verhaltensprobleme der Katze wie Unsauberkeit, Kratzmarkieren, Harnmarkieren, Angststörungen und andere mehr und zeigt Lösungsmöglichkeiten auf. Wer seine Katze besser versteht, hat den ersten Schritt getan, um Probleme dauerhaft beheben und das Zusammenleben wieder harmonisch gestalten zu können.

96 Seiten, farbig, broschiert
ISBN 978-3-86127-137-6

Susanne Vorbrich

Das Wohlfühlbuch für Wohnungskatzen

Von Stubentigern empfohlen: Dieses Buch enthält alle wichtigen Informationen für Menschen, die ihre Katze ausschließlich in der Wohnung halten möchten. Grundlegende Hinweise zur Pflege, Fütterung und Beschäftigung finden sich ebenso wie viele kleine Tipps und Tricks. Sie geben auch dem langjährigen Katzenhalter neue Anregungen, wie er seinem Stubentiger zu einem noch glücklicheren Leben verhelfen kann.

80 Seiten, farbig, broschiert
ISBN 978-3-8404-4012-0

CADMOS

Cadmos Verlag GmbH · Möllner Straße 47 · 21493 Schwarzenbek
Tel. 04151 87 90 7 - 0 · Fax 04151 87 90 7 - 12 · www. cadmos.de